大到无穷大

给孩子讲浩瀚宇宙

郑永春　寒木钓萌◎著
廖朝阳　胡优◎绘

U0222239

童趣出版有限公司编　　人民邮电出版社出版

北　京

图书在版编目（CIP）数据

大到无穷大：给孩子讲浩瀚宇宙 / 郑永春，寒木钓萌著；廖朝阳，胡优绘；童趣出版有限公司编.
北京：人民邮电出版社，2024. -- ISBN 978-7-115-64770-2

Ⅰ. P159-49

中国国家版本馆 CIP 数据核字第 2024C35N38 号

著　　　：郑永春　寒木钓萌
绘　　　：廖朝阳　胡　优
责任编辑：史苗苗
责任印制：李晓敏
封面设计：穆　易
排版制作：北京胜杰文化发展有限公司

编　　　：童趣出版有限公司
出　　版：人民邮电出版社
地　　址：北京市丰台区成寿寺路 11 号邮电出版大厦（100164）
网　　址：www.childrenfun.com.cn

读者热线：010-81054177　　　经销电话：010-81054120

印　　刷：雅迪云印（天津）科技有限公司
开　　本：710×1000　1/16
印　　张：15.25
字　　数：270 千字

版　　次：2024 年 8 月第 1 版　　2025 年 2 月第 2 次印刷
书　　号：ISBN 978-7-115-64770-2
定　　价：58.00 元

致小读者：
小到无穷小，大到无穷大

很高兴，由我和寒木钓萌老师合作撰写的这两本书跟大家见面了。在前言里，我们想跟大家聊 3 个问题。

第一个问题：我们为什么要写这两本书？

因为兴趣和梦想。

如果以人为中心，尺度逐渐变小，最终会到达无穷小；尺度逐渐变大，最终又会涉及无穷大。那么——

在尺度逐渐变小的世界里，都有哪些事物和神奇之处？

在尺度逐渐变大的世界里，又有哪些事物和神奇之处？

若把我们的思绪比作一根无形的触须，那么当触须的两端分别向着两个极端方向蔓延前进、一路探索时，最终我们的思绪将抵达无穷小和无穷大。

这是一个认识世界的过程，更是一次奇妙的旅程。

以这种方式讲述世界是我们的兴趣，而如果你能在对这两个极端方向的讲述中获得一些真知灼见，则是我们的梦想。

第二个问题：这两本书写了什么？

虽然这两本书涉及的内容上天入海，包罗万象，但其背后只有一个词：尺度。

大到无穷大，这是宏观的尺度；小到无穷小，这是微观的尺度。

为了认识宏观世界，人类发明了望远镜；为了探察微观世界，人类发明了显微镜。这两大工具的诞生以及其后的不断改进，使人类掌握了认识自然的利器，革命性地扩大了人类的视野和知识库。

在望远镜发明之前，人们只能认识与自己的生活经验相匹配的尺度。比如一个人的身高、一把尺子的长度、一座建筑物的高度等。而现在，人们已经能够认识整个宇宙的大小，包括地球的直径、赤道的周长、从地球到月球的距离，以及太阳系的大小、银河系的大小等。

在显微镜发明之前，人们并不知道除动植物之外，还有其他生物，因为人眼能分辨的最小物体的尺寸大约是 0.1 毫米。显微镜发明后，人们看到了一个前所未见的丰富世界。其中，微生物的数量，不仅比全世界动植物的数量多得多，也比宇宙中星辰的数量还要多。

这两本书，就是希望以层层递进的方式告诉你：越来越大的世界里究竟有什么，以及越来越小的世界里究竟有什么。

第三个问题：你从这两本书中能得到什么？

得到跨学科的学习方式和思维方式，提高核心素养。

2022年4月，教育部印发了《义务教育科学课程标准（2022年版）》，以下简称"新课标"。新课标突出了"跨学科"和"核心素养"两个关键词，这也是未来教育改革的重点方向。

新课标共设置了13个学科核心概念，分别涉及物质科学、生命科学、地球与宇宙科学、技术与工程等学科领域。这13个学科核心概念，在不同年级体现为不同的内容。通过学习这些学科核心概念，学生可以理解数学、物理、化学、地理、生物等学科的核心思想。

除了这些学科核心概念外，新课标首次提出了4个跨学科概念，它们分别是物质与能量、结构与功能、系统与模型、稳定与变化。如果说学科是一栋大楼，学科核心概念是支撑这栋大楼的柱子，跨学科概念就是联系不同学科的桥梁，是学习每个学科都需要掌握的共通概念。有了跨学科概念，科学才能成为一个整体，而不只是一个独立的学科。这对于帮助学生建立对科学的整体认知、推动科学教育非常重要。

怎样才能学好跨学科内容，培养自己的核心素养？对此，我们有两个观点。观点之一，凡是真实情境下的探索，都是跨学科的。因为在生活和工作中，你几乎不会遇到纯粹的物理问题、化学问题或生物问题，遇到的基本都是跨学科问题。观点之二，跨学科不是多个学科组成的"草台班子",更不是一个拼盘,而是围绕一个具体的科学问题,采用不同学科的实验方法和理论工具,解决这个问题。在此过程中,不同学科的思想、实验方法和理论工具,都变成了解决科学问题的手段。因此,核心素养不是看不见、摸不着的空中楼阁,而是有具体依托的、可落地的科学探究,重过程,轻结果。

我们在课堂上学到的一个个知识点,如果不能相互联系起来,形成一张张知识网络,长成一棵棵知识树,这些知识点很快就会被遗忘,我们也无法形成真正的核心素养。随着新课标的发布,对知识和技能的学习,将在一定程度上让位于以提高核心素养为目的的学习。不能提高核心素养的学习,往往是无效的学习,这就要求我们对学习方式作出改变。

立足新课标,开展跨学科阅读,是未来10年学校和家庭教育的必然趋势。

我们相信,这两本书在你心中播下的种子会成长为参天大树,树上会结满迷人的智慧之果。

郑永春

中国科学院国家天文台研究员

寒木钓萌

科普作家

2024年6月1日

目 录

1

12 从百亿千米到光年

13 从 1 万光年到百万光年

14 大到无穷大

1

游戏准备

我们对地球的
误解

我们知道地球上有四大洋，其中太平洋的面积最大，但它到底有多大呢？仔细思考这个问题，我们可能很难想到 1/3 的地球表面都被太平洋占据了。

现实确是如此。如果把地球仪转到一个恰当的位置，你会发现目之所及几乎全是蓝色的海洋——太平洋。

中国空间站的航天员透过舷窗往外看时，有那么一小段时间，会看到表面大部分都是太平洋的地球。

对距离的误解

思考一下，中国到德国的最短距离大约是多

少？这个距离会不会比中国领土的东西长度还要长呢？

对后一个问题，你也许会给出肯定的答案。但实际情况是怎样的呢？

中国从东到西的最大长度超过了其领土边界与德国领土边界之间的最短距离。中国从东到西的最大长度超过 5000 千米，而中国陆地最西端到德国东部边界的距离只有 4000 多千米。

意外吧！我们再来看另一个例子！

科学方法

比较是指通过观察、测量、计算、分析，找出研究对象的相同点和不同点，它是认识事物的一种基本方法。

对高度的误解

2020 年，珠穆朗玛峰的雪面高程测量结果为 8848.86 米，而地球最低处的马里亚纳海沟深达 11034 米，两者的相对高度近 20000 米。因此，有不少人认为地球表面一点儿也不光滑。但实际情况真是这样的吗？

其实，地球远比我们熟悉的篮球还要光滑。也就是说，地球上的这些山峰，从某种程度上讲，还不如篮球上的小凸起高呢！

　　这样表述得有一个前提：在比较两个物体时，要把它们放在同一尺度下，否则就是不公平的。

　　这不难理解，好比一只蚂蚁和一头大象在同一条路上行走，对蚂蚁来说，这条路沟壑纵横，起起伏伏；但对大象来说，这条路真是太平坦了！究竟是该以蚂蚁的视角来评判这条路的平坦程度，还是该以大象的视角来评判呢？显然，这时就应该有一个统一的标准。

　　所以，在评判是篮球更光滑还是地球更光滑时，公平的做法是，要么把篮球放大到地球那么大，要么将地球缩小到篮球那么小。

　　国际男子篮球比赛使用的篮球直径一般为 24.6 厘米，其表面那些密密麻麻的小凸起，可以看作篮球上的"高山"，大约只有 1 毫米高。

　　把篮球的半径（约 12 厘米）扩大到地球的平均半径，即 6371 千米时，篮球上的那些小凸起会有多高呢？算一算就知道了。

$$12 \text{ 厘米} = 0.00012 \text{ 千米}$$

$$6371 \text{ 千米} \div 0.00012 \text{ 千米} \approx 53091667 \text{ 倍}$$

要用篮球的半径乘以 53091667，篮球才能变成地球那么大。

$$1 \text{ 毫米} = 0.001 \text{ 米}$$

$$0.001 \text{ 米} \times 53091667 \approx 53000 \text{ 米}$$

当篮球变成地球那么大时，其表面的小凸起将变成约 53000 米高，这个高度大约是珠穆朗玛峰的 6 倍！

地球上矗立着一座座相当于珠穆朗玛峰 6 倍高的山峰，你能想象出这是一个怎样的画面吗？

所以从这个角度看，地球远比篮球光滑。

通过上述例子，我们会发现，即使是熟悉的地球，我们的直觉判断会发生很大的偏差，对地球也可能存在误解。那么，如果我们对太阳系、银河系以及可观测的宇宙也存在认知偏差，该怎么办呢？

也许，我们可以借助"无穷大游戏"，重新建立对大小和远近的感知。

跨学科笔记

横看成岭侧成峰，
远近高低各不同。
不识庐山真面目，
只缘身在此山中。

这是宋代文学家苏轼写的《题西林壁》。我们对地球存在很多误解，这是因为我们就身在地球上。别说地球，就是一座山，我们身在其中时，也会"不识庐山真面目"。

"无穷大游戏"

现在，我们可以微闭双眼，放飞思绪，让大脑展开想象，建立与这个世界甚至整个宇宙的联系。

当"无穷大游戏"进行到 1 万米的尺度时，代表我们的思绪已经来到距离地面 1 万米高的地方。这是个什么样的地方？这里有什么？什么东西会出现在这里？

显然，我们讨论的范围绝不是一个点，而是距离地面 1 万米高的球面。

同理，当"无穷大游戏"进行到 100 万米的尺度时，我们讨论的范围是距离地面 100 万米高的球面。

不难理解，我们将要开始的这个游戏，它对应的画面是这样的：整个宇宙是一片无边无

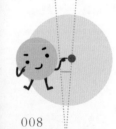

际的水域，地球从天而降，坠入水中，荡起层层水纹，水纹向四周扩散，直到宇宙的尽头。而由近及远的每一层水纹，就是我们要去了解并探索的区域。

我们还可以从三维视角来构建"无穷大游戏"对应的画面：当这个游戏进行到距离地面 100 亿千米时，我们可以想象自己正站在以地球为球心、半径为 100 亿千米的巨大球体的表面。

所探讨的问题

在"无穷大游戏"中，我们会探讨很多有趣的问题，比如：世界上飞得最高的鸟叫什么？它究竟能飞多高？

再见了，家人们！

"新视野"号

气象学家观测到的最高的云究竟有多高？

有史以来飞行速度最快的深空探测器——"新视野"号，如果再继续飞 500 年，它能飞出太阳系吗？

人类用肉眼能看到的最远的星星有多远？人类用肉眼能看到的星星都在银河系内吗？

人类用肉眼能看到其他星系吗？如果能看到，那么能看到的最远的星系是哪一个？它离我们究竟有多远？

你一定很想知道答案吧！好了，心动不如行动，快开启"无穷大游戏"吧！星辰大海在等着你！

2

1 千米

10 米高的巨人

在《小到无穷小：给孩子讲微观世界》一书中，"无穷小游戏"的规则是：将自己的视角（或者身体）一次次缩小，缩小到蚂蚁大小、跳蚤大小、细菌大小、病毒大小，再到分子大小、原子大小……

而对于本书中的"无穷大游戏"，我们当然要反着来！

有人喜欢看关于巨人、巨兽的科幻小说或者科幻电影吗？现在，我们自己也想象着当一回巨人！

路过 🍌 ×10个

拍照 🍌🍌 ×50个

合照 🍌🍌🍌 ×100个

013

想象一下，把你的身高等比例放大为 10 米！

作为对比，我们找来地球上目前还活着的最长的蟒蛇，把它从头到尾挂起来。

问题来了，此时，究竟是身高 10 米的你个子高，还是那条地球上最长的蟒蛇高？

你可能会说，如果是普通蟒蛇，那么谁高还不一定呢；但既然是目前地球上最长的蟒蛇，那应该是它更高吧。

另外，10 米才多高呀，相关电影和小说里面提到的蟒蛇的长度动辄几十米，甚至上百米！

那么，正确答案是什么呢？

10 米高的你会超过目前地球上存活着的最长的蟒蛇。

你看，之前你是不是把 10 米想得太短了，又把蟒蛇想得太长了？不光是你，很多成年人都会这样想。

关于地球上最长的蟒蛇，这里再多说几句，虽然有些读者可能不喜欢它。

泰坦蟒是一种生活在 6000 万 ~5800 万年前的蟒蛇。古生物学家通过化石推测，它的最大长度或可达 14 米。

大约6000万年前，恐龙已灭绝，泰坦蟒就已经生活在地球上了。即使这样，它最长也才十几米。那么，现在地球上的蟒蛇比以前更长还是更短呢？联想到恐龙的庞大身躯，再想想现在许多体形娇小的动物，你就会找到答案。

所以，如果有一天我们在网上看到一篇新闻，说在世界上的某个国家发现了15米长的巨蟒。此时，我们一定要有怀疑精神——这很可能是一篇假新闻！

借助蟒蛇，我们感受了10米有多长。假如你的身高是1米，则

10个这样的你像叠罗汉那样叠起来，总高度才能达到10米。

两只未成年的长颈鹿叠起来，也可以达到10米的高度。

好了，"无穷大游戏"的第一站——10米尺度下的旅行已经结束，我们继续前往下一站。

100 米高的树

不妨先思考这样一个问题：如果一个人现在的身高是 100 米，那么是这个人高，还是地球上目前存活着的最高的树高呢？

通过前文的经验，我们可能会不假思索地回答：百米巨人必然高过地球上最高的树。

但是，事实并非如此。

目前地球上存活着的最高的树是一棵红杉，高达 115.85 米。红杉是世界上长得最高的植物之一，主要分布于美国加利福尼亚州。

除了最高的树，还有最大的树，它叫"谢尔曼将军"。"谢

科学思维

在思考问题时，我们不应该想当然，而应基于事实和证据做出合理的判断。

尔曼将军"的高度约 83 米，底部的直径约 10 米，它是一棵粗壮、敦实的树。若存在百米巨人，他的大腿多半也得像"谢尔曼将军"那么粗！

这就是 100 米尺度所带来的震撼。

日常生活中，处于 100 米尺度的东西其实挺多的，但我们可能不会因此觉得震撼。比如，在大城市中，30 多层的高楼很普遍，它们的高度就接近 100 米。

可是，高楼大厦实在是太常见了，但百米高的树却没有多少人亲眼见过，因此这个例子所体现的 100 米尺度更令人震撼。

拓展阅读

2023 年，在雅鲁藏布大峡谷国家级自然保护区内，调查队发现了一棵高达 102.3 米的西藏柏木，这个高度刷新了亚洲纪录。这棵西藏柏木成为目前已知的亚洲第一高树，当然也是中国最高的树。

世界上最高的建筑

想一想，1000 米能有多高？

现在，"无穷大游戏"开始进入 1000 米尺度的范围。不过别着急，我们先从尺度大于 100 米的那些物体说起。

"诺克·耐维斯"号曾是世界上最长的超级油船，它长为 458.45 米，一次就能运送将近 410 万桶原油。无边的海洋上再也找不到比它更长的船了。

假设把"诺克·耐维斯"号竖起来，则它的高度约等于一栋每层 3 米、共有 150 层的大楼的高度。

目前北京最高的建筑"中国尊"，总高度为 528 米，相当于 5 个标准足球场短边对短边首尾叠起来的高度。我们抬头仰望这栋 528 米

高的建筑时，能真切地体会到它的高度吗？

或者可以先这样联想一下：若一只长颈鹿高 5 米，则需要把 105 只长颈鹿叠起来，才能达到和中国尊差不多的高度。

我们知道，声音在空气中的传播速度约为 340 米 / 秒。当我们在中国尊下大喊一声"注意安全"，如果声音足够大，大约 1.6 秒后，楼顶上施工的工人才能听到提醒。

这下，你应该能体会到 528 米到底有多高了吧。那么 1000 米有多高呢？很简单，它大约相当于两座中国尊叠起来的高度。

这，就是 1000 米的尺度！

3

10 千米

万米尺度

跃过 1000 米，"无穷大游戏"即将前往 10000 米"站台"。

游戏不断进行下去，尺度对应的数字会越来越大，所以在这里，我们不妨使用一个更大的长度单位——千米。

$$1000 \text{ 米} = 1 \text{ 千米}$$

$$10000 \text{ 米} = 10 \text{ 千米}$$

$$100000 \text{ 米} = 100 \text{ 千米}$$

············

同样，为了让大家一步步感受 10 千米的尺度，我们不妨从大于 1 千米的尺度说起。

三峡水电站是目前世界上规模最大的水电站，其重要组成部分——三峡大坝全长约 2309

米。这个长度大概需要 5 辆超长版"复兴号"动车组首尾连接起来才能达到。

接下来，我们再看一个例子。

世界第一高峰——珠穆朗玛峰的海拔为 8848.86 米。这个高度相当于要将 20 辆超长版"复兴号"动车组首尾相连地"立"起来。

既然地球表面的最高处没有超过海平面万米以上的地方，我们不妨把目光投向大海。

2020 年 10 月 27 日，中国的"奋斗者"号载人潜水器在马里亚纳海沟成功下潜到 10058 米；同年 11 月 10 日，"奋斗者"号在马里亚纳海沟成功坐底，坐底深度达 10909 米，刷新了中国载人深潜的纪录。而地球最低处的马里亚纳海沟深达 11034 米。

这就是 10 千米的尺度。

说到这里，我们可以通过对比来认识 1 千米和 10 千米尺度。地球上所有的人造建筑都没有超过 1 千米，目前最高的人造建筑（哈利法塔）才 828 米；地球上的最高点则没有超过 10 千米的，最高的珠穆朗玛峰也只有海拔 8848.86 米高。

小知识点

海拔是从平均海平面起算的高度。简单地说，它是指地球表面的某个地点高出海平面的垂直距离。在青岛的市南区，有中国唯一的水准零点，中国境内所有地点的高度都从这里算起。

对流层

　　大气层是包围着地球的气体层，它由氮气、氧气、氩气、氖气、臭氧、水汽、二氧化碳等组成。大气层的底部与地面相接，越向上大气越稀薄。大气层包含 5 个分层，它们从地面向上依次为对流层、平流层、中间层、热层、外逸层，大气层的厚度大概为 3000 千米。

　　其中，最靠近地面且与人类关系最密切的是对流层，它主要分布于从地面到海拔大约 10 千米的高空。另外，对流层

的厚度会随着纬度的变化而变化。

　　比如，在高纬度地区，对流层的厚度为 7~9 千米；在中纬度地区，对流层的厚度为 11~12 千米；在低纬度地区，对流层的厚度为 17~18 千米。

　　在地球的 5 个大气分层中，大约 75% 的大气和 90% 以上的水汽都集中在对流层。因此，对流层经常产生云和降水等天气现象。

小知识点

　　大气中的水汽（也被称作"水蒸气"）是由水汽化或冰升华而成的一种透明的无色无味的气体。水汽是形成各种天气现象的重要因素，天上的云，地面的雨、雪、冰雹，还有浮在空中的浓雾，都主要由水汽凝结而成。

飞得最高的鸟

地球上的大多数鸟类都会飞行，有些鸟类飞得低，只能飞几十米或几百米高，但有些鸟类却能飞几千米高。比如，斑头雁能飞大约9000米高。

那么，到底有没有能飞过10000米高度的鸟呢？

答案是有，它就是黑白兀鹫。黑白兀鹫是一种分布在非洲萨赫勒地区的大型兀鹫，它们是高度社交化的鸟类，一般成群生活。它们能以35千米/时的速度飞行，到离巢穴很远的地方觅食。

1973年11月29日，一架飞机正在11300米的巡航高度飞行。突然，飞机上的一台发动机传来异响，紧接着，发动机停止了工作。所

幸飞行员处理得当，飞机安全降落。

事后，人们经过检查发现，撞坏发动机的原来是一只鸟。根据找到的鸟的残肢，专家们认为它就是黑白兀鹫。

这是不是很震撼人心？大自然中居然还有飞得这么高的鸟儿！11300 米的高度已经接近中纬度地区对流层的顶端。

2010 年 8 月，一只黑白兀鹫从苏格兰的某个猛禽基地逃出，经过该区域的所有飞机上的飞行员都在第一时间接到警告——要小心黑白兀鹫。

客机的飞行高度

你可能有过这样的疑问：平时乘坐的民航客机能飞多高？

这个问题并没有标准答案，因为它取决于两地之间的航程，以及客机的整体性能。

一般来说，大多数客机的巡航高度在6000~12600米。航程较短的客机飞行高度相对低一些，中、远程的客机飞行高度相对高一些。

早期，空中的客机还没有那么多。专家们经过讨论决定，以1000米为间隔划分飞行高度层。举例来说，若规定某架客机的飞行高度为7000米，那么除了起飞和降落阶段，该客机在大部分时间只能在7000米左右的高度飞行。它不能一会儿飞到8000米高，一会儿又降到6000米高，这种情况是不被允许的。

后来，空中的客机越来越多。如果将 1000 米作为高度层的划分标准，那能供飞机选择的飞行高度就太少了。你可以把客机飞行时所处的高度层视为空中"高速公路"。显然，高度层少了就会带来空中的交通拥堵。

后来，专家们再次讨论，决定将划分标准改成 600 米。比如，如果 8000 米的高度是一条航路，则 8600 米的高度就是另一条航路。

2007 年，为了增加航路资源，国务院和中央军委修改《中华人民共和国飞行基本规则》，将航路等待空域的飞行高度层配备修改为：8400 米以下，每隔 300 米为一个等待高度层；8400~8900 米隔 500 米为一个等待高度层；8900~12500 米，每隔 300 米为一个等待高度层；12500 米以上，每隔 600 米为一个等待高度层。

"东单西双"法则

为了防止两架客机在空中相撞，民航业有一个"东单西双"法则。

试想一下，如果一架往东飞的客机的飞行高度层是 8400 米，而另一架往西飞的客机的飞行高度层也是 8400 米，那这

两架客机就有在空中相撞的
风险。

而"东单西双"法则就
很好地解决了这个问题。

凡是往东飞的客机，只
能在高度层为单数的航路上飞行，如 8100 米、8900 米、9500
米等；凡是往西飞的客机，只能在高度层为双数的航路上飞行，
如 8400 米、9200 米、9800 米等。

这样一来，即使两架客机相向而行，它们的高度最少也
能相差 300 米。

云的高度

现在，我们来聊一聊云的高度。

天空中，云的高低各不相同。根据云所在高度，人们把其分成了低云族、中云族和高云族等。

低云族里，主要有层积云、层云、雨层云等，其高度一般在 2000 米以下。

中云族里，主要有高层云、高积云等，其高度一般在 2000~8000 米。

高云族里，主要有卷层云、卷积云、卷云等，其最大高度可达 18 千米——差不多是高纬度地区对流层顶部的高度。

那么，18 千米是云的最大高度吗？当然不是。由于最高的云实在太高了，我们只能把它们放到下一个尺度进行介绍。

4

100 千米

最高的云

"无穷大游戏"已经跃过了 10 千米的尺度，接下来我们要一起进入 100 千米这个尺度。

为了认识 100 千米的尺度，我们先来看两个有趣的例子。

米格-25 战斗机

你知道战斗机最高能飞多高吗？

目前的答案是 37650 米，这比 4 座珠穆朗玛峰叠起来的高度还要高。

这项飞行高度纪录是苏联飞行员亚历山大·费多托夫创造的。1977 年 8 月 31 日，费多托夫驾驶米格 -25 战斗机，飞到了 37650 米的高空，该纪录至今无人能破。

米格 −25 战斗机是世界范围内闯过热障的有人驾驶战斗
机之一。

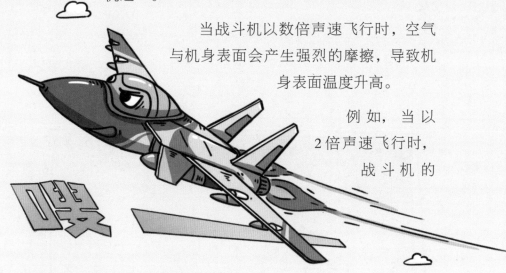

当战斗机以数倍声速飞行时，空气
与机身表面会产生强烈的摩擦，导致机
身表面温度升高。

例如，当以
2 倍声速飞行时，
战斗机的

机头温度会超过 100 摄氏度；而以 3 倍
声速飞行时，战斗机的机头温度会超过 350 摄氏度。温度过
高会给战斗机带来一系列麻烦，比如机身变形甚至仪表失灵
等。这些现象就统称为"热障"。而米格 −25 战斗机的最大
速度将近 3 倍声速。

高云族以外的云

此前我们提到高云族时，说它的最大高度可达 18 千米。

但高云族中的云远远算不上地球上最高的云。

有一种云叫作"极地平流层云"，通常出现在冬季地球两极地区的上空，其高度超过 20 千米。

这种云在阳光的照射之下会呈现出珍珠般的光泽，因此也被称为"珠母云"或"贝母云"。

但它还不是最高的云。

有一种云非常稀薄，主要由极细的冰晶组成。因为这种云较为暗淡，只有在阳光从地平线射出来的时候，人们才能在高空中看到它。因此，人们把它叫作"夜光云"。

> 我叫夜光云，目前是地球上最高的云！

直到 1885 年，人们才有了关于夜光云的记录。在那之前，人们只把它当成普通的云，也没有足够先进的技术手段去测量它的高度。

后来，人们测量到夜光云的高度在 80 千米左右，最高可达 90 千米。夜光云是目前公认的地球上最高的云，它的高度大约等于 10 座珠穆朗玛峰叠起来的高度。

> 哇，夜光云也太高了！

卡门线

有一个有趣的问题：你要飞多高才能向世人证明，你已经进入了太空？

你可能会说，只要能飞到人造卫星或者空间站所在的高度，就可以证明自己已经进入太空了。

没错，确实可以。只是，目前我们飞到这个高度所需的航天器的制作成本实在是太高了。而且，飞到这个高度需要我们具备很强的身体素质。

在航天领域，海拔 100 千米处是一条极其重要的分界线——大气层与太空的分界线，也叫卡门线。

也就是说，如果我们的飞行高度能高出卡门线，就算进入太空了。

细心的读者可能会想，前面说大气层的厚度大概为 3000 千米，现在又说卡门线（高 100 千米）是大气层与太空的分界线，这不是自相矛盾吗？

　　确实是自相矛盾。我们来看一下为什么会出现这种现象。

关于一堆白砂糖的案例

　　想象桌上有一堆白砂糖，如果我们从这堆白砂糖里拿走一粒，剩下的白砂糖还算"一堆白砂糖"吗？

　　当然算！

　　但是，如果我们一次又一次地拿走一粒又一粒的白砂糖，那桌上的白砂糖还剩下多少粒时才无法被称为"一堆白砂糖"呢？

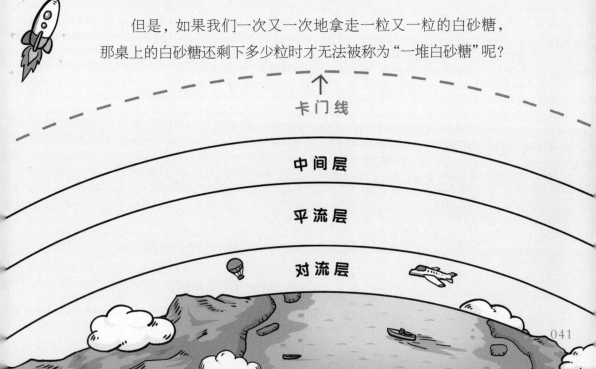

卡门线

中间层

平流层

对流层

也许你认为 3000 粒白砂糖不能称为"一堆白砂糖"，别人认为 3001 粒白砂糖不能称为"一堆白砂糖"。

由此可见，对于这个问题，每个人都有自己的答案。

没有标准答案

同样的道理，大气层和太空的分界线的定义也无法统一。

其实，大气层并没有确定的边界，研究大气科学的科学家只能根据某些物理性质，认为大气层的厚度大概为 3000 千米。

然而，采用这种定义是为了方便大气科学领域的研究。对此，航天领域的科学家持不同意见。

因为如果按照这个定义，航天员要飞到超过 3000 千米的高度，才能被认为进入了太空。

实际上，我国空间站所在的轨道高度只有大约 400 千米。

因此，对于大气层和太空的分界线，不同领域都有自己的定义。

据估算，卡门线以上的天空中，大气质量只占大气层总质量的十万分之三，其真空程度已经达到世界上多数科研机构的实验室所能达到的最高标准。因此，负责国际航空航天标准制定的机构——国际航空联合会的专家们经过协商，将海拔 100 千米处设定为大气层和太空的分界线。

再看大气层

现在我们知道，从狭义上来说，卡门线是大气层与太空的分界线。但从广义上讲，海拔100千米这个尺度，依然处在大气层内。

对流层、平流层、中间层、热层、外逸层是大气层的 5 个分层，前 3 个全部位于 100 千米的高度以内，而热层也是从这个高度开始向上延伸的。各个分层顶部的平均高度如下。

对流层：12 千米

平流层：50 千米

中间层：85 千米

热层：500 千米

外逸层：3000 千米

估计你会忍不住问这样的问题：大气层的

分层是怎么划分出来的？它们的划分依据是什么？我们从人们对大气层高度的探索历程说起。

30 千米的高度

几百年前，人们还没有能力飞上天空，也没有能力对包裹着地球的大气层进行划分。在当时的人们看来，大气层的高度可能为 30 千米。

原来，当时的人们在爬山的过程中发现了一个规律：大气的温度会随着高度的增加而降低。

既然有规律，那事情就好办了。于是，当时的科学家根据高度和温度的关系，算出了大气层所能达到的高度极限是 30 千米。超过 30 千米的高度后，大气的温度就会低于绝对零度，也就是低于零下 273.15 摄氏度。现在看来，这显然是不符合物理定律的。

但这种认知持续了几百年，直到人们发明了热气球。

探空气球

对当时的科学家来说，热气球是探索高空的唯一装备，

他们通过热气球测量高空大气的温度，发现在 10 千米以内的
高空中，大气的温度是随着高度的增加而降低的。

而在 10 千米以上的高空中，由于氧气过于稀薄，温度也
极低，即使热气球能前往，人类也不能前往。因此，10 千米
左右的高空是当时的科学家能探索的极限。

这样的状态又持续了很多年，直到 20 世纪初无人驾驶的探空气球出现后，才有了改变。1902 年，法国和德国的科学家分别利用探空气球对大气的温度进行测量，几乎同时发现了一个反常现象：超过 10 千米的高度后，大气的温度并没有一直降低，反而有所上升。这一发现，成为划分对流层和平流层的主要依据。

探空气球能到达的高度依然有限，这决定了当时的人们对大气层的认知只能到达平流层的高度。

V2 火箭与中间层的划分

又过去了很多年，直到第二次世界大战期间，德国人发明了 V2 火箭，科学家才有了新装备去探索更高处的大气。

借助 V2 火箭，科学家惊奇地发现，平流层的气温随着高度的增加而上升；继续往更高处探索，科学家发现气温反而随着高度的增加而降低。

于是，依据这一发现，科学家在平流层之上又划分出了新的分层——中间层。

至于平均高度在 500 千米的热层，以及平均高度在 3000 千米的外逸层，就不是当时的人们所能探测的了，这两个分层是随着现代火箭的应用而被发现的。

总之，大气层的以下 4 个分层，主要是依据气温变化规律以及大气密度等其他因素划分的。它们的气温变化规律如下。

对流层中，气温随高度增加而降低。

平流层中，气温随高度增加而上升。

在中间层，气温随高度增加而降低。

在热层，气温随高度增加而上升。

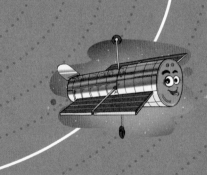

5

1000 千米

1200 摄氏度的"低温"

不知不觉，"无穷大游戏"已经过了 100 千米这一关，来到了 1000 千米的尺度。

我们可以想象一下，如果乘坐电影《流浪地球 2》中出现的太空电梯，以 200 千米 / 时的速度上升，那么需要 5 小时才能抵达 1000 千米高的太空。

前面提到的热层，其高度范围是 85~500 千米，在 1000 千米的高度范围内。

热层为什么被称为"热层"？

热层之所以叫"热层"，是因为这一层的大气最高温度超过 1200 摄氏度。

问题来了，为什么这一层的大气温度如此之高？

想象一下，夏天烈日下的你会感到很热，即使阳光穿过一层又一层的大气再照在你身上，也依然威力无穷。

如果没有大气层，阳光经过约 8 分钟的真空旅行，直接照射在你身上，那你是不是会被灼伤？答案是肯定的。那时的地球就像月球一样，因为没有大气层，所以阳光照射到地球表面，会使白天的温度高达 130~150 摄氏度。

热层之所以温度高，就是因为那里的大气分子充分吸收了来自太阳的能量。用更专业的说法是，由于吸收了高能量的太阳辐射，所以热层的温度很高。

热的本质

如果一个航天员乘坐飞船来到热层，穿着舱外航天服在飞船外进行太空行走，而此时航天服的保温系统失灵了，那航天员会面临极热还是极寒的挑战？

为了回答这个问题，我们先来探讨一下热的本质。

假设现在有 1 万亿个水分子，每个水分子的温度是 65 摄氏度，现在它们齐刷刷地冲到你的左脸上；同时，有 10 个水分子，每个水分子的温度高达 1000 摄氏度，它们齐刷刷地冲到你的右脸上。

请问，你会感觉左脸烫还是右脸烫？

答案显然是左脸。而你的右脸几乎不会有任何感觉，因为 10 个水分子带来的热量可以忽略不计。

其实，所谓的温度高低，并不等于我们身体感知到的冷或热。你感到冷的时候，温度可能高达 1200 摄氏度，比如在热层；你感到热的时候，温度可能并不高，比如我国南方夏天 30 多摄氏度的温度就能让你热得受不了。

热的本质，是分子运动的快慢：分子运动得快，温度就高；分子运动得慢，温度就低。而我们感知到的冷热，不仅与分子运动的快慢有关，更与分子的数量有关。比如，当环境温度低于人体温度时，一个个分子就像偷走你身体的热量的搬运工，不管它们搬得有多快，只要它们的数量少，被偷走的热量就多不了。

航天员面临的挑战

了解热的本质后，我们再来回答前文提及的问题。

当舱外航天服的保温系统失灵后，若航天员一直待在飞船的阴影里（未被太阳直射），那么他将面临极寒的挑战；如果航天员没有躲在飞船的阴影里，而是一直被太阳直射，不用怀疑，他会热得"冒泡"。

通过上面的例子，我们知道"热层"之所以很热，是因为其中的大气分子充分吸收了来自太阳的能量，也就是吸收了太阳的辐射。但同时，热层的大气分子极少，近乎真空，所以当舱外航天服的保温系统失灵后，处在热层的航天员，若不被太阳直射，就会逐渐感受到令人冻僵的温度。

近地轨道

在 1000 千米的尺度范围，除了前文提到的热层，还有近地轨道。

太空中的轨道有很多种。如果按照高度的不同来划分，我们可以将轨道划分成近地轨道、中圆轨道、地球同步轨道等不同类型。航天器从一种轨道转移到另一种轨道，叫作变轨。航天器在寿命终结后，重新进入大气层，则叫作脱轨，意思是脱离环绕地球的轨道。

近地轨道的优势

每一种轨道都有自己的优势和劣势。拿近地轨道来说，由于它离地面最近，所以相关航天器的发射成本最低。

另外，在近地轨道运行的卫星便于观察地

面，因此大多数导航卫星、军事卫星、通信卫星等都处于近地轨道。

自从发射第一颗人造地球卫星以来，人类目前已经向太空发射了万余颗卫星，看似数量很多，但对于茫茫宇宙来说，几乎可以忽略。

截至 2023 年 5 月，美国忧思科学家联盟（UCS）列出了目前在地球轨道上运行的 7500 多颗人造卫星。其中，绝大多数人造卫星都处在近地轨道，也就是距离地面 300~2000 千米的太空里。

我们知道的国际空间站、中国空间站，都是在近地轨道运行的，高度约为 400 千米。

哈勃空间望远镜也处于近地轨道，其高度约为 600 千米，尽管它观测的是宇宙深处距地球几万光年甚至几亿光年的星空。

哈勃空间望远镜

近地轨道的劣势

说完了近地轨道的优势，我们再来看看它的劣势。

前面说过，热层中的大气分子虽然很少，但终归还是有的，否则热层也就不能算是大气层中的一层了。这些大气分子仍然会给运行在近地轨道上的航天器带来影响。

要想弄清原因，我们得从速度说起。大家熟知的狙击枪，它的枪口初速，也就是子弹刚刚从枪口射出来的那一刻的速度约为 1 千米 / 秒。而航天器在近地轨道上的运行速度是多少呢?

答案十分惊人,超过 7 千米 / 秒!

也就是说,虽然热层中的大气分子很少,但它们会给高速运行的航天器施加阻力,导致航天器的飞行速度略微降低,长时间下来,航天器的飞行速度会越来越低,它的轨道高度也会随之降低。

以空间站为例,它运行于近地轨道上,因为这里有残余大气产生的阻力,所以每个月空间站的轨道高度会下降 2000米左右,如果不启动发动机抬升轨道高度,它迟早会落入大气层。

所以,中国空间站必须搭配天舟货运飞船运送燃料和生活补给物资,并每隔一段时间启动发动机抬升一下轨道高度。

轨道高度越低,热层中的大气分子就越多。因此,航天器通常不会运行在 300 千米以下的高度,因为那里残余大气太多,阻力太大。

这里说一些题外话,我们介绍的这些知识是基于航天事业数十年的发展得到的,但书中的这些知识也会随着航天事业的不断发展而更新。比如,特斯拉、SpaceX(太空探索技术公司）的创始人埃隆·马斯克正在开展的星链计划，预计发射上万颗卫星，在近地轨道形成一张大网，在全球范围内提供高速互联网服务。再比如，虽然航天器的轨道高度越低，维持其轨道高度的代价越高，但现在也有一些商业航天公司经过成本分析发现，与发射其他轨道的航天器相比，发射低轨道的航天器更能节省成本。所以，它们会把低轨道的卫星当作"消费品"，待其发射入轨一两年之后报废时，再发射一批新的卫星进行补充。

所以，这里想告诉大家，书里的知识不是一成不变的，很多知识只是当下正确罢了。所谓的标准答案，可能并不存在。

6

10000 千米

开始"逃逸"

一晃眼，"无穷大游戏"已经通过 1000 千米这一关，即将向下一个更大的尺度迈进，它就是 10000 千米。

前面已经说过，大气层分为对流层、平流层、中间层、热层和外逸层。外逸层的主体离地面 500~3000 千米。

外逸层是大气层的最外层，它位于热层的上方。而外逸层的顶部可以被看作大气上界。

外逸层中的大气分子比热层中的大气分子先获得来自太阳的能量，所以它的温度比热层还要高。当然，跟热层一样，因为外逸层的大气分子极其稀少，其已经接近真空，所以温度高只是说明这里的大气分子运动速度极快，并不代表你在日常生活中所感受到的热。

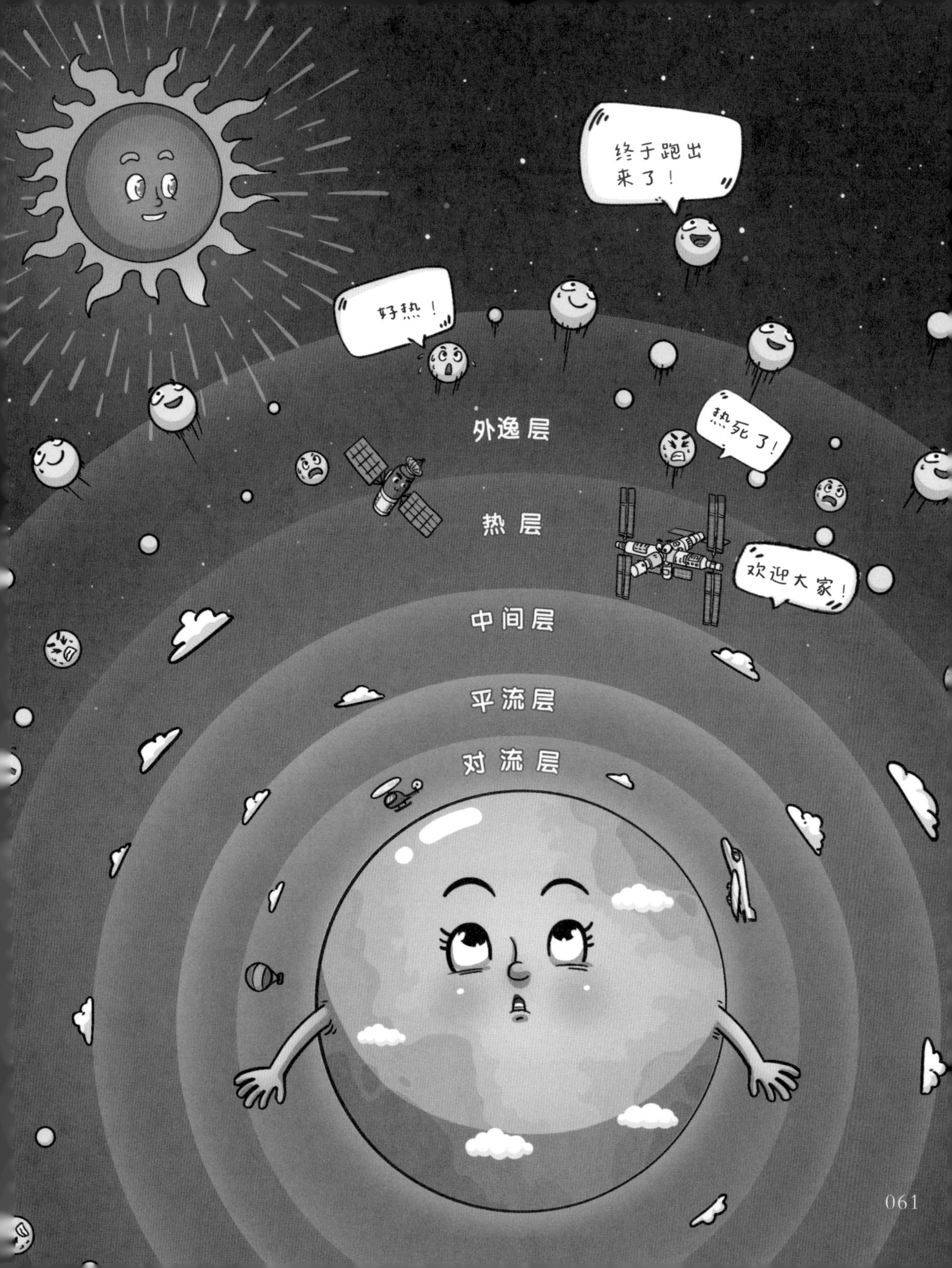
终于跑出
来了！
好热！
外逸层
热死了！
热层
欢迎大家！
中间层
平流层
对流层

相比大气层的其他分层，外逸层中的大气分子受到的地球引力最小，加上运动速度极快，因此更容易摆脱地球引力的掌控，飞到更外层的空间，甚至彻底"逃离"大气层。这也是"外逸层"名字的由来。

为梦想导航

    10000 千米这个级别的尺度，包括了大多数人造地球卫星的飞行轨道。下面，我们结合一张图来好好说一下。

    图中的蓝色区域，就是前面已经介绍过的近地轨道，其高度在 2000 千米以下。

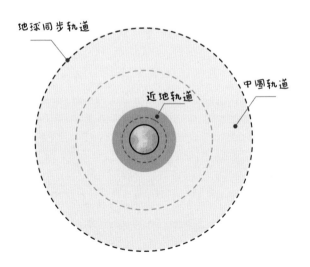

另外，我们会看到近地轨道的内部，还有一圈红色的虚线，这代表中国空间站和国际空间站所在的轨道，其高度在 400 千米左右。

中圆轨道

图中，蓝色区域外部是大片的黄色区域，它代表的是高于 2000 千米、低于 35786 千米的卫星轨道，叫作"中圆轨道"，又被称为"中圆地球轨道"。

仔细看，在黄色区域的中间，还有一圈绿色的虚线，它代表的轨道高度约为 20200 千米，那是 GPS（全球定位系统）卫星星座所在的高度。

GPS 原本由 24 颗卫星组成，其中 21 颗用于实际定位和导航，3 颗作为备用卫星。后来，为提高定位、导航等的精度，卫星数量逐渐增多。

2011 年 6 月，美国扩展了 GPS 卫星星座，新加入 3 颗卫星，使卫星数量增加到 27 颗。

截至 2018 年 10 月 18 日，GPS 在轨工作的卫星数量增加到 31 颗，加上 2 颗备用卫星，共 33 颗。

中国自主建设的北斗卫星导航系统（以下简称"北斗系统"）有 24 颗卫星处在中圆轨道内，其轨道高度约为 21500 千米，比 GPS 卫星星座还要高一点儿。

地球同步轨道

中圆轨道最外层的那一圈黑色虚线，代表高度为 35786 千米的轨道，它叫作"地球同步轨道"。

地球同步轨道上卫星的运行与地球的自转同步，其绕地球一圈的时间与地球自转一圈的时间恰好相等。

地球同步轨道中有一种轨道极为特殊。它位于赤道上空，航天器的轨道平面与赤道面恰好重合，所以这个轨道上的航天器与地面的相对位置保持不变，这就是地球静止轨道。

北斗系统跟 GPS 最大的不同是，GPS 的卫星都处在中圆轨道，而北斗系统除了有 24 颗卫星处在中圆轨道，还有 6 颗卫星位于地球同步

小知识点

GPS 由卫星星座、地面控制网站和用户设备 3 部分组成。它可以在全球范围内提供连续的导航信息和精确的时间信息，供军队、民用飞机、地面车辆和个人等使用。

轨道，这 6 颗卫星大都位于亚太地区的上空。

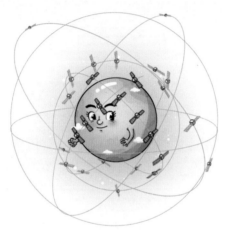

北斗卫星导航系统示意图

　　北斗系统这种独特的星座设计，其最大优势是让位于亚太地区的很多国家，如中国、日本、韩国、澳大利亚等，在使用北斗系统进行导航和定位时，能享受到更多卫星所提供的更精准的定位服务。

稀缺的轨道资源

在太空中，什么资源最稀缺？答案是轨道资源，尤其是地球静止轨道。

你可能会想，以赤道为中心，可以将航天器的轨道一圈又一圈地向外延伸，怎么还会出现轨道资源稀缺的情况呢？

下面，我们一起来分析这个问题。

地球静止轨道的周长

赤道的半径约为 6378 千米，再加上地球静止轨道距离地面的高度——35786 千米，就是地球静止轨道的半径，即：

6378 千米 + 35786 千米 = 42164 千米

根据圆的周长公式：$C = 2\pi r$，我们可以

计算出地球静止轨道的周长约为 26 万千米。

按理说，在如此巨大的圆上，想放多少颗卫星都可以，怎么还会有轨道资源稀缺的说法呢？真要说稀缺，也应该是近地轨道稀缺才对呀，因为近地轨道上的卫星与地面最近的距离只有三四百千米，近地轨道的周长自然也小得多。

实则不然。

完美的轨道

1957 年 10 月 4 日，苏联发射了世界上第一颗人造卫星，开启了人类的太空时代。

在那之后的很长一段时间里，只有苏联和美国才有能力发射卫星。太空中的轨道资源根本不存在稀缺的问题。

但今时已不同往日。

现在，国家的发展、个人的生活都已经和航天息息相关。各个国家都想发射自己的卫星，有些国家即使没有能力发射卫星，也希望出钱让他国帮自己发射，这就导致太空中的轨道资源稀缺。

最稀缺的不是距离地面最近的近地轨道，而是距离地面更远的地球静止轨道。原因是，这条轨道太完美了。

当我们身处茫茫大海或荒漠戈壁时，我们该如何利用手机通信呢？

最方便且成本最低的方式，是利用地球静

小知识点

地球静止轨道上的卫星主要为广播卫星、通信卫星、气象卫星等需要连续对地球进行观测和提供通信传输服务的应用卫星。它们与地面保持相对静止，固定在赤道上空。

止轨道上的一颗通信卫星——它与地面保持相对静止。当我们需要紧急通信时，它随时都能提供相应服务。

而其他轨道上的通信卫星，相对地面来说都是运动的，利用这样的卫星通信会比较麻烦——需要发射20多颗卫星才行，当其中一颗正与我们连线的卫星飞走了，马上就会有另一颗飞到我们的上空。但这样进行通信的成本显然太高了。

因为地球静止轨道的半径大，轨道上的一颗通信卫星就能覆盖地球表面1/4~1/3的面积，可提供通信服务的范围极其宽广。所以，地球静止轨道的作用很大。

很可惜，位于赤道上方且高度为35786千米的圆形轨道只有地球静止轨道。人们发射通信卫星、气象卫星等，都需要选择地球静止轨道。因此，完美且唯一的轨道现在十分抢手。

为什么轨道资源不够用？

说到这里，有些读者可能还是不理解：虽然地球静止轨道是唯一的，但它怎么说也有约26万千米长，不至于稀缺吧？

为了回答这个问题，我们还需要了解另一个重要的知识点：为了保证卫星与地面之间的通信质量，两颗频段相近的卫星与地球形成的夹角不能小于1.5度。也就是说，两颗卫星不能挨得太近，其目的不是防止它们相撞，而是防止它们发出的信号相互干扰。

　　比如，某国发射了一颗地球静止轨道卫星 A，本来其通信功能良好，结果另一国发射了地球静止轨道卫星 B，其也用于通信。由于 A 卫星与 B 卫星和地球形成的夹角只有 1 度，所以两颗卫星发出的信号会互相干扰，比如会导致两国民众语音通话的质量明显下降。

　　因此，地球静止轨道上最多只能放下 240 颗频段相近的卫星。"240"这个数字又是怎么得来的呢?

很简单，任何一个圆都只有 360 度，而两颗频段相近的卫星与地球形成的夹角不能小于 1.5 度，则：

$$360 \text{ 度} \div 1.5 \text{ 度} / \text{颗} = 240 \text{ 颗}$$

240 颗似乎也不少了，但我们还需要注意一个问题：赤道穿过广袤的太平洋、大西洋、印度洋，而往地球静止轨道发射卫星的国家，当然希望把卫星发射到自己的上空。虽然赤道区域的太平洋上空的地球静止轨道上还可以放很多颗卫星，但放在这些位置的卫星能供谁使用呢？使用的人多吗？

从下页的示意图中，我们可以感受到目前地球静止轨道的稀缺。图中，有的地方有多颗卫星，那是因为这些卫星采用了不同的频段；还有的地方没有卫星，那是因为它们处于无边大洋的上空。

你可能会说，既然轨道资源不够，那采用不同频段不就可以了吗？很遗憾，频段也是稀缺资源。

现状就是，地球静止轨道上的位置不仅已经被占满了，而且还有来自各个国家的超过 2000 颗卫星在排队等待发射。

墓地轨道

既然有这么多卫星在排队，那么对于"墓地轨道"，我

们也就容易理解了。

卫星也是有寿命的，它的寿命主要由它所携带的燃料和其他因素决定。

卫星的寿命终结后，它并不会从原有位置离开，自己走向"墓地"。如果人们不推卫星一把，它还会继续停留在自己的轨道上。停留多久呢？不同卫星的停留时间不同，有的停留几个月，有的停留几年，还有的甚至停留几千年、几万年、几百万年。

1970 年 4 月 24 日，中国发射了第一颗人造卫星——"东方红 1 号"。50 多年过去了，"东方红 1 号"现在在哪里呢？

答案是还在天上。

它还会在自己的轨道上待多久？

答案是很久。也许以后人类都不存在了，它还在轨道上。

问题来了。

地球静止轨道上的位置本来就极其有限，若一颗卫星已经不能提供服务了，可还是占着位置，这将造成非常大的浪费。

为了解决这个问题，相关国际组织有以下规定。

对某些轨道，比如地球静止轨道上的卫星，不能等燃料完全耗尽后再将其报废。相关国家在弃用这颗卫星前，应该给卫星留一点儿燃料，并利用这点儿燃料将卫星送入墓地轨道。

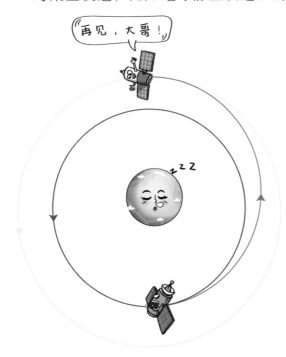

墓地轨道在地球静止轨道的外侧，比地球静止轨道高，至于

高多少，则取决于卫星剩余的燃料。但无论如何，都得保证墓地轨道的高度超过 36000 千米。

一颗卫星只要待在墓地轨道上，人们就不用再担心它了，因为它已经把地球静止轨道上宝贵的位置让出来了。它在墓地轨道上还能再飞行很多年。

卫星所属国本来想利用卫星所剩不多的燃料，让卫星多工作几个月，但因为要把它送到墓地轨道，所以会"浪费"卫星几个月的工作寿命。这对卫星所属国来说是一种损失，但对其他需要地球静止轨道资源的国家来说则是好事。

7

10 万千米

将 8 个地球叠起来

不知不觉，"无穷大游戏"已经跨过了 10000 千米这一尺度，接下来将跨入 10 万千米的尺度。

要想象出 10 万千米的尺度，我们不妨将地球作为一把"标尺"。

地球赤道直径约为 12756 千米，10 万千米大概是地球直径的多少倍呢？

$$100000 \text{ 千米} \div 12756 \text{ 千米} \approx 8 \text{ 倍}$$

也就是说，如果以赤道面垂直于地面的方式将 8 个地球叠起来，总高度大约是 10 万千米。

有了 10 万千米这把"标尺"，你就能轻松地想象出 20 万千米、30 万千米，甚至 40 万千米等更大的尺度了。

显然，20 万千米大约是 16 个地球叠起来的高度，而 30 万千米大约是 24 个地球叠起来的高度。

几乎所有的人造卫星，它们的轨道高度都在 10 万千米以下，轨道高度在 10 万千米以上的就只有天然卫星了。

这里说的天然卫星就是月球。

月球到地球的最远距离约为 40.57 万千米，它到地球的最近距离约为 36.31 万千米。

所以，地月平均距离为 38.44 万千米。

课本上每次提到地月距离时，通常不说最远距离，也不说最近距离，而是说平均距离，而且还会把小数点后面的数字省去，说地月距离约为 38 万千米，它大约是 30 个地球叠起来的高度，因为：

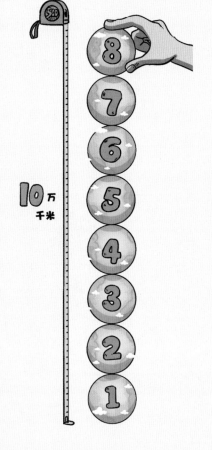

$$12756 \text{ 千米} = 1.2756 \text{ 万千米}$$

$$38 \text{ 万千米} \div 1.2756 \text{ 万千米} \approx 30 \text{ 个}$$

以后我们在记忆地月距离时，既可以记住 38 万千米，也可以在大脑中建立起这样的画面：地球和月球的连线上可以"塞进去"30 个地球。

假设地球和月球之间有一条笔直的道路，一个年轻人的

步行速度为 4 千米 / 时，并且他一天走 8 小时，那么他每天能走 32 千米。按照这个速度和时间走下去，他需要用大约 33 年的时间，才能从地球走到月球。

月球是我们在"无穷大游戏"中遇到的除地球以外的第一个天体，我们有必要好好认识一下它。你可能会说，月球实在是太平常了，"无穷大游戏"还是尽快向下一站迈进吧。

这么说就不对了。月球虽然常见，但它身上的那些谜团，你可能还没有听说过呢。

比如……

正在远离我们的月球

你知道吗？月球正以 3.8 厘米 / 年的速度远离地球！

看到这个数据，很多读者禁不住怀疑起来，1 年移动 3.8 厘米，别说那么远的月球了，就算是我们自己住的楼房，如果它一年移动 3.8 厘米，或者变矮了 3.8 厘米，估计很多人都看不出来，更感觉不到。

月球那么远，科学家到底是怎么测出这区区 3.8 厘米的呢？要想弄清楚这个问题，我们不妨来做一个实验——激光测距实验。

如果我们只是想大致测量月球到地球的距离，这其实并不难，古人早就能做到了。比如，古希腊人曾经测量出地月之间的平均距离约为 39 万千米，这与我们现在知道的精确距离相差不大。

所以，测算出月球与地球之间的大致距离并不难，但是要想把月球与地球之间的距离测量得非常精确，比如精确到厘米，甚至毫米……

那真是比登天还难。

用激光测量地月距离

1960 年 5 月，美国加利福尼亚州休斯实验室的科学家西奥多·梅曼宣布获得了人类历史上第一束激光。

激光出现后，科学家马上就想到了它的用处——测量地月的距离。

从地球向月球发射一束激光，当激光抵达月球并反射回地球时，这意味着激光跑了一个来回，只要测出激光跑一个来回所耗费的时间，就能算出地月距离了。

假设激光跑一个来回历时 2 秒，这意味着激光从地球跑到月球用了 1 秒。我们知道光在真空中 1 秒能跑 299792458 米，这样就能算出地月距离了。

科学家迫不及待地把激光射向月球，结果却令他们很失望。

为什么呢？

因为月球表面凹凸不平，无法进行镜面反射。就算从地球上射出一束很细的激光，当它抵达月球后，其光斑的直径至少 2 千米；而这束激光反射回地球后，其光斑又会继续扩大，直径至少 15 千米。

这就使得科学家很难接收到从月球上反射回来的激光，因为它太分散了！

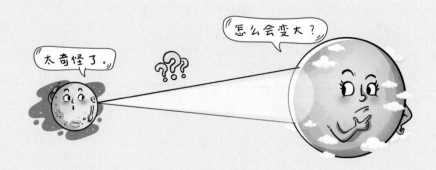

怎么解决这个问题呢？

月球探测器

科学家开动了脑筋。正好在那时，美国和苏联正在进行登月竞赛，两国都向月球发射了一些探测器。

于是，科学家打起了这些探测器的主意。他们想，干脆把一面反射镜装在月球探测器上，因为通过镜面反射回来的激光信号理论上比通过月球土壤反射回来的激光信号强。

说干就干，当时美国发射了一颗绕月卫星，并在卫星上安装了一个"后向反射器"。这下，地月距离的测量精度大大提升了。

但科学家仍不满意，他们想，要是能把反射镜安放在月球表面，地月距离的测量精度还能继续提升。

借助美苏两国正在进行的登月竞赛，科学家如愿以偿，把好几面反射镜搭载在阿波罗飞船上，分批次运上了月球。

接下来就好办了，只要把激光对准月球上的反射镜发射，然后等待它返回地球。

咦？激光呢？它怎么有去无回？

事实上，不是激光有去无回，而是地球上的接收器太不灵敏了。别以为只要在月球上放一面反射镜，你就能接收到它反射的激光。实际情况比你想的要复杂得多，就算是对准月球上的反射镜发射激光，你在地球上每次也只能接收到一个返回的光子。

一个光子？！这不是大海捞针吗？人们在地面上怎么才能接收到它呢？

其实，一个光子已经不少了。有些天文台要发射十几次激光，才能接收到一个反射回来的光子呢！

所以，要想精确测量地月距离，你首先得有能力接收单个光子。这在几十年前，没有几个国家能做到，但现在，这已经不是问题了。世界各地的天文台，包括中国科学院云南天文台，都在用多年前航天员放在月球表面的那些反射镜测量地月距离，现在地月距离的测量精度已经达到厘米级，正在向毫米级迈进。

地月距离已经精确到厘米了。

拓展阅读

　　2018 年 1 月 23 日，中国科学院云南天文台宣布，其应用天文研究团组经过长期月球激光测距技术研究，1 月 22 日晚取得了重大突破：研究人员利用 1.2 米望远镜激光测距系统，多次成功探测到月面反射镜返回的激光脉冲信号，在国内首次成功实现月球激光测距。

　　正是因为地月距离越来越精确，所以在经过长年累月的测量后，科学家通过数据分析，这才发现目前月球正以 3.8 厘米 / 年的速度离开地球，离开我们。

　　不过，你别太担心，月球的这种"逃离"实在是太不显眼了。即便是一万年后，月球也才"逃离" 380 米，这点儿距离其实不算什么。

月球陨石

一个有趣的问题是，既然月球是离地球最近的天体，那么航天员从月球上抛出的石头会掉到地球上吗？

要弄清这个问题的答案，你得先了解一下关于月球的两个事实。

第一个事实

月球表面的引力只有地球表面的 1/6，所以相比地球上的物体，月球上的物体更容易"逃离"月球。任何一个物体，当它的飞行速度达到 1.68 千米／秒时，它就能绕月球旋转。

在地球上，某些动能穿甲弹的枪口初速能达到 1.74 千米／秒。这意味着，如果我们在月球上发射这样的子弹，就能让它们环绕月球飞行。

前面我们只是介绍了一个物体成为"月球卫星"需要的最低速度，那么如果一个物体要完全"逃离"月球，这个物体需要的最低速度又是多少呢？

答案是 2.4 千米 / 秒左右。

也就是说，如果从月球上扔出去一块石头，只要使石头的速度达到 2.4 千米 / 秒，它就能摆脱月球引力的束缚，奔向无边的太空。

2.4 千米 / 秒是月球上的逃逸速度，请大家记住这个数据。

第二个事实

流星体是指在行星际空间绕太阳运行的尘埃和小碎粒，地球轨道附近的流星体的最高速度达 42 千米 / 秒，而地球绕太阳运行的平均速度约为 29.8 千米 / 秒。这意味着，如果流星体不是在追赶地球，而是与地球正面相撞的话，那么两者的相对运动速度就会叠加，即流星体进入大气层的速度高达71.8 千米/秒。这是一个惊人的速度。

在地球表面，因为有大气层的存在，流星体在落地前的瞬间不可能达到这样的速度。但情况在月球上就不同了，因为月球表面没有大气层，那些撞击月球的流星体的相对速度高达 70 千米/秒。

想象一下，当一颗流星体以 70 千米/秒左右的相对速度撞击月球时，被撞击的岩石会熔化或变成气体，而四周的岩石会被击飞，这些岩石的飞行速度是很容易达到月球上的逃逸速度——2.4 千米/秒的。

于是，从月球上"逃"出来的那些岩石，有的会直奔地球而来；有的在太空中漫游数万年，甚至十几万年，最终还是奔向地球；有的则是一去不回头，永远地"逃离"了地球和月球，飞向宇宙深处。

这就是月球上的石头会掉到地球上来的根本原因。

第一块被确认的月球陨石

前面我们已经从理论上推测出，月球上的石头会掉到地球上来。但是，我们如何确认地球上的某块石头来自月球呢？

而且它也有可能来自火星、彗星或者小行星带，对吧？

没错，在人类登月前，我们确实很难确认地球上的某块石头是不是来自月球。

人类第一次从月球上捡石头回家，是在 1969 年 7 月 24 日。这一天，"阿波罗 11 号"的航天员回到地球，并带回了约 22 千克的月球样品。

也就是说，在此之前，即使你真的发现了一块来自月球的陨石，你也只能把它当成一块普通陨石，无法确认它具体来自哪里。

1982 年，南极陨石搜寻计划的探险成员在南极阿伦山附近发现了一块陨石。随后，这块陨石被送往美国休斯敦太空中心进行处理和保管。因为该中心的科研人员对月球样品很熟悉。他们处理这块来自南极的陨石时，发现其内部的结构与月球样品极其相似。最终，他们认定这是一块来自月

球的陨石，并将其命名为"阿伦山 A81005"。

每克 4 万美元

在地球上，被收集起来并被确认为月球陨石的石头十分稀少。截至 1993 年，全世界才发现 12 块月球陨石，它们主要是在南极搜寻到的，只有一块月球陨石来自澳大利亚。

根据中国陨石专家缪秉魁教授的论文数据，截至 2000 年，全世界的月球陨石也只有 31 块。

曾经除了科学家，普通人对月球陨石的兴趣往往不大。直到在澳大利亚发现的月球陨石在市场上被以每克 4 万美元的标价公开出售，这一下子激发了民间陨石爱好者的热情，大家对月球陨石的关注让月球陨石的发现速度大大提高。

截至 2017 年 7 月，世界上已公布的月球陨石增加到 353 块，其总质量达 206.31 千克，比阿波罗计划的航天员 6 次登月从月球带回的样品质量的一半还多。阿波罗计划的航天员共带回了 381.7 千克月球样品。

2020 年 12 月，中国的嫦娥五号带着 1731 克月球样品返回地球。2024 年 6 月，嫦娥六号完成人类首次月球背面采样返回任务。

或许当中国成功建立月球基地后，航天员每次从月球基地返回地球过年时，都会带上几千克月球岩石，将其作为礼物送给各国朋友。

不过，即便人类已经多次登月采集月球岩石，但月球陨石依然有不可替代的价值。这是因为，人类登月点最多也就 10 多处，相对于表面积约为 3800 万平方千米（相当于中国陆地面积的 4 倍左右）的月球来说，并不具有充分的代表性。而那几百块月球陨石可能来自月球上数百个不同的地方，使人类不仅可以从中发现新的特殊的月球岩石，而且还能更好地了解月球的全貌。

试想一下，当登月采样像囊中取物一样容易的时候，月球对人类的终极价值又是什么呢？这是一个值得思考的问题。

子弹能飞多远？

说完了月球上的石头，我们再来探讨一个更有趣的问题：在月球上，一把枪射出的子弹能飞多远？

在地球上，不同的枪有着不同的射程——从几百米到几千米不等。问题来了，同样的一把枪，如果在月球上，它能将子弹射得更远吗？如果能，它的射程又能比在地球上远多少呢？

一会儿等你知道结果时，想必会大吃一惊。

先定个标准

要评估一把枪在月球上的射程可不是一件容易的事情。首先，你得知道这把枪在地球上的射程的计算方式。

如果你把枪口对准地面射击，很显然，射程只是枪口到地面的距离，这样的射程就不具备参考价值。

所以，甭管是在地球上还是在月球上，我们都要先定一个射击角度，比如斜向上 45 度，示意图如下。

地球上的射程

准备工作做完了，现在我们要用数学公式计算射程了。公式是啥，这里就不赘述了，网上有不少可供在线计算射程的网站，有兴趣的读者可以去找一找。过去计算机还没有问世时，战场上的那些炮手的计算能力是很强的，因为他们需要计算大炮的射程和着弹点。

我们先明确一下本次射程计算的条件：射击地点在地球上，射击角度为斜向上 45 度，枪口初速为 550 米 / 秒。

计算结果显示，这把枪的射程达 30867 米，也就是约

30.87 千米！居然有这么远。

咦？好像不太对，大名鼎鼎的 AK-47 突击步枪的枪口初速高达 710 米／秒，可我从没听说过 AK-47 突击步枪的射程超过 30 千米呀？那么，问题出在哪里呢？

哦，原来是我们忘了一个极其重要的因素，那就是来自大气的阻力。子弹在空中飞行的时候，时刻都在与大气摩擦。它们一摩擦，子弹的飞行速度就会下降，射程自然就没有那么远了。

因此，如果考虑大气阻力，那么，枪口初速为 550 米／秒的枪，在实际射击试验中，它的射程也就 8.5 千米左右。瞧，这大气阻力可真是厉害，能让枪的射程下降为原来的 28% 左右。

月球上的射程

现在，我们来计算这把枪在月球上的射程。这个计算过程实际上更简单，因为月球没有大气层，而计算大气阻力是一件很麻烦的事。

好，这就开始！

此时，射击地点改在月球上，射击角度还是斜向上 45 度，枪口初速也是 550 米／秒。

你猜这把枪的射程是多少？

50 千米？ 80 千米？ 100 千米？

都不是！

答案是 186 千米！而北京到天津的公路距离也就 130 千米左右。

如果是在地球上，不考虑大气阻力，射程也就 30 多千米。可到了月球上，射程怎么就变成了 186 千米？是不是哪里算错了？

没有算错。因为有一个因素，而且是极其重要的因素被大家忽略了，那就是月球上的引力。100 斤重的石头，如果在地球上，你使出吃奶的劲，一次也只能搬动 1 块，但到了月球上，你用同样的劲一次能搬动 6 块这样的石头。

为什么月球上的引力对射程的影响那么大？我们来看图。

我们在地球上扔出的任何物体，都会回到地面上。如果物体掉落的速度变得很慢会怎样呢？显然，它会飞得更远。

月球表面的引力只有地球表面的 1/6，这也意味着，同一个物体在月球上掉落的速度比在地球上要慢很多。

我虽然能飞很久，但还是能回到地面。

当我们在月球上射出一颗子弹时，它要飞很久才会掉下来，而它飞得越久，射程当然也就越远了。

中国的"95式自动步枪"的枪口初速是930米／秒，如果用它在月球上斜向上45度角进行射击，那么它的射程可达到533千米。好家伙，这个射程约等于从北京到太原的公路距离，跟一枚导弹的射程也差不了多少！

8

100 万千米

与地球"并驾齐驱"

跨过 10 万千米这个尺度，"无穷大游戏"向下一站——100 万千米迈进！

绝大部分人造地球卫星、载人空间站以及哈勃空间望远镜等，它们的轨道高度只有几百或几千千米，最高也就在 3.6 万千米左右。

而距离地球 100 万千米的太空里又有什么呢？

月球作为地球唯一的天然卫星，离地球也才 38 万千米。如果我们真的想在深空放一颗卫星、一个探测器或一架空间望远镜，肯定会首先选择放在月球上，而不是放到 100 万千米远处。毕竟，100 万千米差不多是地月距离的 2.6 倍了。

这个说法听上去挺合理，但人类至今未能在月球表面建设一座天文台和放置大型空间望远镜，反而已在距离地球 150 万千米的深空放了空间望远镜。

为什么要把空间望远镜放在那里？距离地球 150 万千米的那个地方有什么神奇之处？

第二拉格朗日点

约瑟夫·拉格朗日 1736 年生于意大利，后来加入法国国籍，是一位杰出的数学家和天文学家。他曾受普鲁士的腓特烈大帝的邀请，在柏林工作了 20 年，被腓特烈大帝称为"欧洲最伟大的数学家"。

后来，受法国国王路易十六的邀请，拉格朗日定居巴黎，直至 1813 年去世。

拉格朗日才华横溢，在数学、物理学和天文学等领域都作出了重大贡献，包括提出著名的拉格朗日中值定理、创立拉格朗日力学等。

天文学领域，有一个著名的三体问题：3 颗恒星在相互之间的引力影响下的运行轨道是什么样的？这个问题启发了科幻作家刘慈欣，

约瑟夫·拉格朗日

他凭借小说《三体》获得科幻文学领域的国际最高奖项——雨果奖。

除了天文学领域，三体问题在航天领域同样有广泛的应用。比如，在地球、太阳、航天器组成的三体系统中，会有 5 个地点的航天器，由于受到的太阳引力和地球引力、离心力相互抵消，所受作用力为零，这就是三体问题中的 5 个特殊解，相当于太空中的 5 个特殊的"位置"。因为拉格朗日对限制性三体问题的贡献，人们把这些地点称为"拉格朗日点"。

第一拉格朗日点到第五拉格朗日点，分别用 L_1、L_2、L_3、L_4、L_5 表示。

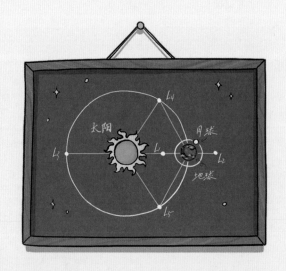

不过，这里只介绍第二拉格朗日点，因为它恰好与我们现在要了解的百万米尺度有关，就在距离地球约 150 万千米的地方。

神奇之处

现在，我们来认识一下第二拉格朗日点的神奇之处。

八大行星中，离太阳越远的行星，其轨道周长越大，绕太阳一圈所需的时间也越长。比如地球绕太阳一圈所需的时间是 1 年，而海王星绕太阳一圈要用约 164.8 年。

请记住这个规律：离太阳越远的天体，绕太阳一圈所需要的时间就越长。

而第二拉格朗日点在地球的外侧，它到太阳的距离比日地距离更远。

也就是说，假如第二拉格朗日点上有一颗小行星，那么这颗小行星绕太阳一圈所需的时间必然会大于 1 年，对吗？

不对！

咦？前面不是说，离太阳越远的天体，绕太阳转一圈所需要的时间就越长吗？为什么现在又说不对？

按理说，以太阳为中心，一颗处在比地球更远的轨道上的小行星，因为它的轨道周长比地球的轨道周长更大，所以它绕太阳一圈所需的时间也比地球更长——应该大于 1 年。

但实际上，这颗小行星在地球附近，所以地球始终对它有引力，这个引力不大也不小，恰好与太阳对它的引力相抵消。如果引力太大，地球就会将这颗小行星吸引过来；如果引力太小，地球对其产生的影响就不显著了。

而在距离地球约 150 万千米的地方，太阳和地球的引力与维持在这个周期为 1 年的圆形轨道上运动所需要的离心力平衡，使这颗小行星能紧紧地跟随地球的步伐，一起绕太阳公转。

这就意味着，地球绕太阳一圈需要一年，位于第二拉格朗日点的小行星绕太阳一圈也需要一年，它完全与地球"并驾齐驱"，即使它绕太阳一圈所走的路程比地球所走的要更远。

说完了第二拉格朗日点的神奇之处，我们再来看看它到底有什么用。

幸运的是，第二拉格朗日点上并没有小行星，而是虚位以待。

假如向第二拉格朗日点发射空间望远镜，以便更好地观察宇宙，那么，这个点的独特优势就体现出来了。

我们知道，在漆黑的夜里能看到更多的星星，而白天几乎看不到星星，这不是因为白天星星"下班"了，而是因为强烈的阳光遮盖了星星微弱的光芒。如果我们想要更好地观测星星，最好尽可能遮挡住其他物体发出的光。

在第二拉格朗日点，空间望远镜、地球和太阳的相对位置基本保持不变，空间望远镜一直背对着太阳和地球。因此，地球挡住了阳光，能使空间望远镜把宇宙看得更清楚。

此外，位于第二拉格朗日点的空间望远镜受到的地球的引力和太阳的引力正好抵消，因此能稳定地停留在那里。所以，科学家不用反复调整空间望远镜的姿态和方位，这可以节省大量的燃料。

空间望远镜

正是因为第二拉格朗日点有这些优势，所以不少探测器和人造卫星都曾"到此一游"。

2001 年，为了测量宇宙微波背景辐射，威尔金森微波各向异性探测器（简称"WMAP"）抵达第二拉格朗日点，并在那里持续观测，为宇宙大爆炸理论提供了充分的证据。

我叫威尔金森微波各向异性探测器，大家也可以叫我 WMAP!

2010 年 10 月 6 日，我国的嫦娥二号被月球的引力捕获，顺利进入环月轨道。探测月球的任务圆满完成后，2011 年 8 月 25 日，嫦娥二号利用剩余的燃料，飞向了第二拉格朗日点开展各项探测活动。

"鸽王"

这两个在第二拉格朗日点停留过的探测器只是小试牛刀。接下来，另一个重要的角色即将登场。

即将登场的这个角色已经名扬四海了，因为它实在是太"烧钱"了。下面就让你见识一下，这家伙的"烧钱"速度有多恐怖。

美国国家航空航天局、欧洲空间局和加拿大宇航局原本计划 2007 年就要发射它，结果发射日期被一推再推。当发射日期推迟到 2018 年时，它的相关预算也从原来的 5 亿美元膨胀到了 88 亿美元。一直到 2021 年，它才被成功发射，总耗资高达百亿美元。

小知识点

宇宙大爆炸是现代宇宙学中影响最大的一种理论。这个理论认为宇宙曾经历了一次超大规模的爆炸。之后，宇宙进入了"黑暗时代"。最终，低温物质聚集、坍缩，形成了第一代恒星，宇宙中这才出现了第一缕光。

鉴于发射日期一再被推迟，以及耗资越来越多，该航天器被天文爱好者戏称为"鸽王"。

说了半天，这家伙到底是谁呢？它就是詹姆斯·韦伯空间望远镜（以下简称"韦伯空间望远镜"）。人们还给它取了一个绰号，叫作"吃掉天文学的望远镜"。因为美国政府每年拨给天文学领域的经费都是有一定数额的，仅"鸽王"就占据了一半。如此一来，其他天文学项目也就难以获得充足的资金支持了。

拍一张宇宙的"婴儿照"

为避开大气层的干扰，1990 年发射的哈勃空间望远镜在距地面约 600 千米的太空运行。时隔 31 年，韦伯空间望远镜已经不屑于与大气层"捉迷藏"，它飞到了距地球约 150 万千米的第二拉格朗日点。

一架空间望远镜跑到离地球约 150 万千米远的地方，当然不是为了与地球比个高低，而是要去拍一张宇宙的"婴儿照"。

何为宇宙的"婴儿照"？再说了，宇宙已经 137 亿岁左右了，空间望远镜还怎么去拍它的"婴儿照"？难道要让时光倒流吗？别急，让我们慢慢道来。

虽然不能回到过去，但我们可以看到过去。仔细想想，实际上我们看到的，都是过去发生的事或者物体过去的状态。

比如，我们看到的太阳，实际上是大约 8 分 20 秒前的太阳；夜晚时，我们抬头看到的北极星，其实是 400 多年前的北极星。也就是说，源源不断的光子从北极星出发，走了 400 多年后，终于来到地球，被我们看到了。因此，我们看到的，不是现在的北极星，而是过去的北极星。

这两个事实告诉我们一个道理：当抬头看向星空时，看得越远，就越能看到遥远的过去。

空间望远镜已经能看到童年期的宇宙，但现在，天文学家雄心勃勃，打算让韦伯空间望远镜去看看婴儿期的宇宙，窥探宇宙形成早期以及第一批星系形成时期的秘密。

"这是一个新的机遇。"诺贝尔物理学奖获得者、天体物理学家约翰·马瑟曾说，"这是一块从未被翻动过的石块，谁也不知道它下面藏着什么。没人知道宇宙大爆炸后发光的第一个物体是什么样的，而这是我们早就应该弄清楚的。"

而要看到遥远的地方，或者说要看到很久以前的事物，绝非易事。

在太空中撑一把"大伞"

一个事实是，可见光是一种电磁波，它如果被压缩，颜色就会变紫；它如果被拉伸，颜色就会变红；如果再次被拉伸，它就会变成肉眼不可见的红外线，天文学上把这种现象叫作"红移"。

根据宇宙大爆炸理论，宇宙中的各星系都在以极快的速度互相远离，这相当于把可见光拉长了。于是，宇宙形成早期残留的光传到现在被我们看到时，已经被拉长了很多——也就是说，光变红了。为此，韦伯空间望远镜配备了世界上灵敏度最高的红外线传感器。

说到这里，对天文学比较了解的读者可能会说："哈勃空间望远镜上不也有自带的红外线传感器吗？"

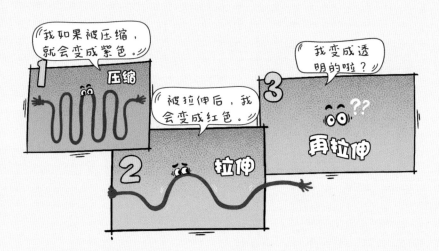

是的，说得没错。但是，哈勃空间望远镜的工龄实在是太长了，它经历了5次大修，有些部件已经老得像"古董"了，而且30多年前的硬盘、芯片跟现在的根本没法比。因此，美国国家航空航天局和欧洲空间局迫切需要新一代的空间望远镜来接替哈勃空间望远镜，它就是韦伯空间望远镜。

约翰·马瑟是韦伯空间望远镜项目的资深科学家，他已经为它付出了近20年的心血。他说："哈勃空间望远镜已经把许多未知事物展现在了我们面前，挑起了我们的求知欲，而这些事物要靠韦伯空间望远镜去探索。"

韦伯空间望远镜所展现出来的水平和能力超出哈勃空间望远镜100倍。哈勃空间望远镜虽然也在太空中，但它离地球还是太近了，容易受到地球上各种因素的干扰，而韦伯空间望远镜离地球约 150 万千米——月球与地球平均距离的近 4 倍，因此它可以避免地球的影响。

这还不算什么，韦伯空间望远镜还要在太空中撑起一把"大伞"。

这把"大伞"是用来挡雨的吗？不是，是用来遮阳的。

军事领域有一种红外夜视仪，它会根据物体散发热量的不同，在夜间探视到敌方物体。而韦伯空间望远镜主要探测太空中的红外线，对热量极为敏感，人们要想看到遥远的、

高清的宇宙图像，必须严格避免周围热源对它的干扰。

　　因此，韦伯空间望远镜必须撑起一把"大伞"，挡住来自太阳、地球，甚至月球的热量。这把"大伞"有一个网球场那么大，足足有5层。这么做的目的是让韦伯空间望远镜及其所搭载的仪器冷却到零下233摄氏度。在如此低的温度下让所有仪器正常工作，绝非易事。不信的话，你可以在零下40摄氏度的环境中看看手机能否正常开机。

9

1000 万千米

太阳从西边出来

跃过 100 万千米这一尺度后，"无穷大游戏"开始向下一个更大的尺度迈进！

地月距离约为 38 万千米，那 1000 万千米则约等于地月距离的 26 倍。

中国科技的名片——高铁，其速度通常为 300 千米 / 时。假如你乘坐高铁去距离地球 1000 万千米的小行星旅游，那么你的旅程需要多长时间？算算就知道了！

$$300 \text{ 千米 / 时} = 0.03 \text{ 万千米 / 时}$$

$$1000 \text{ 万千米} \div 0.03 \text{ 万千米 / 时} \approx 33333 \text{ 小时}$$

$$33333 \text{ 小时} \div 24 \text{ 小时} \approx 1389 \text{ 天}$$

$$1389 \text{ 天} \div 365 \text{ 天} \approx 3.8 \text{ 年}$$

这说明，如果乘坐一列能持续前进的高铁，

在保持速度 300 千米 / 时不变的情况下，你大约需要 3.8 年时间，才能抵达距离地球 1000 万千米处的小行星。

下面来看看，在"千万千米"这个尺度内都有什么。

金星的"亮""相"

先问大家一个有趣的问题：太阳系里的行星，到底哪一颗离地球最近？

答案是金星，当它与地球下合时，二者的最近距离只有 4023 万千米。

当太阳系内侧的一颗行星与地球位于太阳的同一侧，且三者位置成一条直线时，这种现象被称为"下合"。

既然有下合，那必然有上合，它是怎么被定义的呢？

很简单，当太阳系内侧的一颗行星与地球分别位于太阳两侧，且三者位置成一条直线时，这种现象被称为"上合"。

跟太阳系行星家族中的"网红"——火星相比，人们对金星的关注度要低得多。不过，如果单从亮度上来说，行星中没有谁比金星更亮。甚至可以说，从地球上看去，除了太阳和月亮，金星比任何星星都要亮，这里说的星星包括除太阳以外的所有恒星。

如果天空非常晴朗，即使是在白天，金星也能被我们看到。正因如此，古人把金星叫作"启明星"和"长庚星"。

为什么金星会有不同的名字？原来，古人把出现在不同时间、不同位置的金星误认为是两颗不同的星星。他们把早晨出现在东方的金星叫"启明星"，把傍晚出现在西方的金星叫"长庚星"。

金星不仅亮，而且还有自己的相。也就是说，它像月亮一样，有圆缺的变化。而这种变化凭肉眼是无法看清的，只有借助空间望远镜才能看到。金星具有相的变化，在一定程度上为"日心说"提供了证据。

拓展阅读

"地心说"认为地球位于宇宙中心不动，太阳、月球、其他行星和恒星都绕地球旋转。"地心说"占据统治地位长达 1000 多年，并长期被西方教会利用，直到 16 世纪哥白尼创立"日心说"。经过数代科学家的艰苦斗争，"日心说"才为人们所接受。"日心说"引起了人们宇宙观的革新，从此，自然科学研究从神学中被解放出来。

接下来，我们来说说金星与地球的相似之处。从"体形"来看，太阳系八大行星中，金星的大小跟地球最接近。金星的半径约为 6052 千米，

我的体形比你大一点儿，我是姐姐。

我是妹妹。

只比地球半径小 300 多千米。金星的体积也与地球相差不大，约为地球的 85%，因此，有人把金星称为地球的"姐妹星"。

厚厚的大气层

说完了金星与地球的相似之处，下面再来说一下金星与地球的不同。

金星上的大气质量是地球上大气质量的 93 倍，表面的大气压力是地球表面的 95 倍。金星的大气层非常厚，主要由二氧化碳组成。二氧化碳这种气体，具有较强的吸热作用，被科学家称为"温室气体"，再加上金星的大气层又厚又重，所以金星上存在太阳系中最强的温室效应，其表面的平均温度约 460 摄氏度。在这个温度下，别说人了，就连探测器也很难在金星上待很长时间。迄今为止，登上金星的探测器寥寥无几，而且基本上待不到 2 小时就无法工作了。

金星上的闪电也很恐怖。苏联的金星探测器曾经观测到

金星上的一道惊人的闪电，它足足持续了 15 分钟！而地球上的闪电，持续时间连 1 分钟都不到。

除了闪电，金星上的狂风更是厉害，其云层顶部的风速高达 300 千米 / 时，跟高铁的速度差不多。

在金星上"度日如年"

太阳系八大行星中，金星就像一名个性十足的同学，别人都是自西向东逆时针自转，只有它和天王星是自东向西顺时针自转。所以，"太阳从西边出来"在金星上绝对不是一句玩笑话，而是事实。

金星绕太阳转一圈需要 224.7 个地球日，这就是金星上的 1 年，大约是地球上的 7 个半月。

那么，金星上的 1 天又相当于多少个地球日呢？答案是 243 个。金星的自转速度实在是太慢了，这意味着，金星上的 1 天相当于地球上的 8 个多月，比金星上的 1 年还要长！我们经常会听到"度日如年"这个成语，它形容日子很难熬，但在金星上，这可一点儿也没有夸张。

金星上的"度日如年"是我们无法体会的，不过，我们能亲眼看到金星上的另一个现象，那就是金星凌日。

金星凌日跟日食相似，当金星运行到地球和太阳之间，三者位置成一条直线时，金星凌日的现象便会出现。

金星凌日出现时，我们会看见一个小黑点在太阳的盘面上缓缓移动。因为金星离地球没有月球离地球那么近，所以它没有办法完全挡住太阳。但从地球上看去，金星就像太阳"脸上"的一颗痣。

小知识点

日食就是当月球位于地球和太阳之间时，在地球上看到的月球挡住太阳的现象。

我在这里呢。

温室效应

前面我们提到了"温室效应"，那么它产生的原理到底是什么呢？答案其实很好理解。

我们应该见过下图中这样的蔬菜大棚。

为什么农民伯伯要在大棚里面种蔬菜呢？原来，有的蔬菜只适合在夏天种植，比如西红柿，因为西红柿喜欢高温。

怎样才能在严冬时也吃到西红柿呢？在大棚里面种植即可，因为大棚里面可以保持较高的温度。

原理是这样的：阳光能轻易穿透云层、塑料薄膜或者玻璃，白天，阳光射进大棚，提高了大棚里面的温度。

讲到这里，不少读者就纳闷了：严冬时，周围环境的温度很低，虽然阳光照进大棚后，里面的热量会增加，但塑料薄膜又不是棉被，怎么可能保温呢？

要回答这个问题，我们要先了解一下热量。太阳会向外释放热量，同样地，一杯温水也会向外放出热量。但显然，太阳释放的热量与温水放出的热量是不同的。

太阳释放的热量穿透力很强，它能穿过厚厚的大气层，直达地面。而一杯温水放出的热量穿透力非常弱，几张纸就能将其隔绝。

太阳释放的热量可以穿透塑料薄膜，但大棚里面阳光被农作物吸收后放出的热量和地面放出的热量，却不能穿透塑料薄膜。

所以，薄薄的一层塑料膜就能让太阳释放的热量"有来无回"。于是，大棚里面就能保持较高的温度了。

同理，大气层就像覆盖地球的塑料薄膜，幸亏有它，地球才适合人类居住。假如没有大气层的保温作用，太阳落山后，地球上的气温能下降到零下 100 多摄氏度，这样的地球可能就不适合人类居住了。

太阳系八大行星中，金星之所以温度最高，比离太阳最近的水星还要热，是因为金星上的温室效应过于剧烈。

拓展阅读

你知道吗？碳达峰和碳中和是应对全球气候变化的两个关键概念，它们体现了国际社会对于减缓全球变暖趋势的共同责任和行动。

　　碳达峰的概念主要涉及二氧化碳排放量的峰值问题。具体来说，它标志着一个国家或区域的二氧化碳排放量达到历史最高点后，开始逐渐减少的过程。

　　碳中和则是关于如何平衡人类活动产生的二氧化碳排放的问题。

　　人们通过植树造林、节能减排等方式，将一定时间内直接或间接产生的二氧化碳排放总量抵消掉，就可以达到碳平衡，也就是实现碳中和。

生命之光

说完了离地球最近的金星，我们再把目光投向离地球第二近的行星，估计你也猜到了，它就是火星。

金星离地球最近时，两者相距 4023 万千米。而火星离地球最近时，两者相距 5500 万千米。

地球的"孪生兄弟"

相比金星，我们可能更熟悉火星，原因是关于火星的新闻报道特别多。如果再多知晓一些关于火星的基本事实，恐怕你会爱上火星。

火星在很多方面都与地球非常像，让人感觉它就是地球的"孪生兄弟"。

比如，火星的南北两极也是冰天雪地，就像

地球的南北两极一样。

火星上有高山、峡谷，也有沙尘暴和龙卷风，甚至还有四季。更神奇的是，火星上一天的时长也和地球上差不多，地球上的一天约为 23 小时 56 分，火星上的一天大约是 24 小时 39 分。所以，到了火星上，我们就再也不用像在金星上那样"度日如年"了，可以拥有和地球上大致相似的作息规律。

可以这么说，放眼整个太阳系，我们从环境条件上再也找不出比火星更像地球的行星了。在火星夏季的某些地方，白天才 20 多摄氏度，在这个温度下，人们在地球上连空调都不用开。

这些事实告诉我们，除了地球以外的太阳系七大行星中，只有火星最宜居。如果在未来，人类真的要在其他行星上建立基地，那么火星就是太阳系内的首选。这也是科幻小说、电影喜欢以探索火星为创作背景，以及一些记者喜欢报道火星的主要原因。

（火星上的对话气泡）胡说！我的南北两极也是冰天雪地！

（卫星的对话气泡）火星上应该到处都很热！

132

"走怪步" 的火星

说完了火星与地球的相似之处，我们再来说说它与地球的不同。

在体积上，火星只有地球的 15% 左右；在质量上，火星大约是月球的 9 倍，却只有地球的 11% 左右。火星的表面积也只有地球上的陆地表面积那么大。火星只比水星稍微大一点儿，是太阳系中第二小的行星。

水星　　火星　　金星　　地球

火星不仅小，而且还有一些在我们看来很奇怪的地方。

在古代，人们把火星称为"荧惑"。因为火星看上去是红色的，而且它的亮度也经常变化。另外，人们通过长时间观察发现，火星的运动轨迹十分随意，它有时从西向东运动，有时又从东运动到西，很是令人迷惑。这就是火星"荧惑"之名的由来，即"荧荧火光，离离乱惑"。

奇怪，火星为什么要在天空中"走怪步"？

其实，这也不怪火星。因为我们生活在地球这颗行星上，随着地球的自转与公转，观测其他行星的视角当然也在不断地变化。

离太阳越近的行星，绕太阳公转的速度就越快。比如，水星离太阳最近，它绕太阳运行的平均速度约 47.36 千米 / 秒，金星离太阳第二近，它绕太阳运行的平均速度约 35.02 千米 / 秒；地球离太阳第三近，它绕太阳运行的平均速度又变慢了，约 29.78 千米 / 秒。

我们知道，火星是离太阳第四近的行星，也就是说火星是在地球轨道的外侧。所以，它绕太阳运行的平均速度就更慢了，只有 24.13 千米 / 秒。

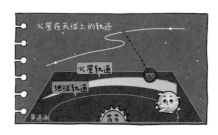

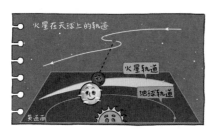

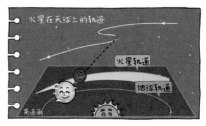

通过上图可以看到，火星一开始运行在地球的前面，所以，夜晚从地球上观察火星时，我们会发现火星是从东向西运动的。

但别忘了，地球的运行速度比火星快，所以不久之后，地球就会慢慢"追"上火星。再过一段时间，地球必然会"跑"到火星前面，就像上图中展现的那样。

看出来了吗？火星之所以会"走怪步"，是因为我们在地球上观察火星的视角不断变化。

小知识点

天球是人们为了研究天体的位置和运动而引入的一个假想的球面。观测者通常会把自己设想为天球的中心。

地球绕太阳公转的轨道平面被称为"黄道面"。

但在古代，人们并不知道地球和火星都是绕太阳转的，认为火星的位置变化没有规律，才给它取了"荧惑"这个名字。

"小不点儿"水星

离太阳最近的行星是哪一颗？它离地球又有多远呢？

答案是"小不点儿"——水星，地球与它的平均距离约 9200 万千米！

飞向水星的"信使"号

"信使"号是 2004 年 8 月 3 日美国发射的探测器，其主要任务是探测水星。

虽然地球与水星的平均距离约 9200 万千米，但如果"信使"号直接从地球飞向水星，也只需要 3 个月左右的时间就能进入水星轨道。

但事实上，"信使"号历时 6 年多才环绕水星运行。这到底是为什么呢？

如果"信使"号从地球直接飞向水星，那确实是最省时间的。但是，水星紧挨着太阳，"信使"号飞向水星时，实际上是朝着太阳的方向飞。这时，"信使"号会被太阳的引力捕获，越飞越快，当它将要抵达水星时，就需要消耗大量的燃料来减速。这样，"信使"号就需要携带更多的燃料来"刹车"，这显然会大大增加"信使"号的负担，科学家们需要用更大的火箭才能把它发射到太空中，成本极为高昂。

为减轻"信使"号的负担，科学家们只能在时间上让步，他们并没有让"信使"号直奔水星，而是让它在太阳系内迂回漫游了6年多，于2011年3月18日进入环绕水星的轨道。此时，"信使"号已经飞行了约79亿千米，这真是一段漫长的路程。

水星这个"小不点儿"很神奇，它有很多个"太阳系行

星之最"。如果你问太阳系八大行星中，谁的个头儿最小、谁离太阳最近、谁的昼夜温差最大，此时，水星会拍着胸脯第一个跳出来。

最靠近太阳的行星

在太阳系八大行星中，水星最靠近太阳，它与太阳的最近距离大约只有 4600 万千米。假如有一天，我们到水星上旅游，早上起来看日出时会发现，那里的太阳直径比在地球上看到的要大 3 倍左右。

既然水星离太阳最近，想必水星上的温度肯定是八大行星中最高的。

错了，水星表面的温度确实很高，但却不是最高的，表面温度最高的是金星，原因是金星有厚厚的大气层，形成了温室效应，而水星没有大气层。

虽然没有摘到"最热"的头衔，但水星获得了"昼夜温差最大"的头衔。

水星上的白天，温度最高可达 450 摄氏度，而在黑夜，最低温度可达零下 180 摄氏度，可谓冰火两重天。

因为水星离太阳很近，所以当我们在天空中寻找水星时，要看向太阳的方向。我们虽然大体知道水星在天空中的位置（太阳附近），但却很难看见它，因为水星总会被太阳的强光掩盖。

只有在太阳还没有升起的清晨或太阳下山后的傍晚，我们才能看到水星。

水星其实并不暗，最亮时甚至比天狼星还要亮。像天王星、海王星等行星的亮度，根本无法与水星的亮度相提并论。

水星才是离地球最近的行星？

现在我们知道，按照"无穷大游戏"，离地球由近至远的行星依次是金星、火星和水星。

但是，在《今日物理学》杂志上，几位天文学家在一篇文章中提出了一个古怪的观点，他们认为水星才是离地球最近的行星！

他们为何如此大胆，敢提出这个古怪的观点呢？别着急，说不定你了解他们的观点后，也会表示认同呢。

我们知道，每一颗行星与地球都会有两种最特殊的距离——最近距离和最远距离。通常来说，当比较其他行星与地球的距离时，都是按照"最近距离"这个标准。

金星、火星与地球的最近距离，前面已经提过了，分别是 4023 万千米和 5500 万千米。那这两颗行星与地球的最远距离分别是多少呢？

以金星为例，它离地球最远的时候，必然是它和地球分别位于太阳的两侧，三点成一直线的时候，此时金星与地球

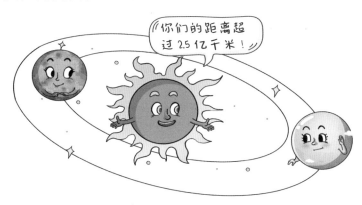

的最远距离超过 2.5 亿千米。同理，火星与地球的最远距离在 4 亿千米左右。

虽然火星离我们最近时只有 5500 万千米，但它大部分时间都离我们更远，金星也是这种情况。

此时，我们再来看看水星，就不难得出发表在《今日物理学》上的那篇文章的结论，即：虽然金星是最接近地球的行星，但是水星却是与地球保持最近距离时间最长的行星。

举个例子，假设你住在北方，你家屋檐下有一个燕子窝，窝里住着两只燕子。同时，离你家不远的公园里，常年住着一群麻雀。

你可能会这么说，离你家最近的鸟是燕子，其次是麻雀。这个说法有错吗？没错。

另一个事实是，每年秋天，你家屋檐下的燕子就飞往遥远的南方过冬了，直到来年春天才返回。但是，公园里的麻雀却常年都在。从这个角度讲，这群麻雀是与你保持最近距离时间最长的鸟。

当然，天文学家们针对水星提出这种"怪论"，并非想推翻金星是离我们最近的行星的观点，他们只是想让我们从另外的视角认识水星。

10

1 亿千米

亘古不变

不知不觉，"无穷大游戏"已经要向"亿千米"这个更大的尺度进发了。

1亿千米，这又是一个多大的尺度呢？

我们可以展开想象——

如果1亿千米外有一颗行星，那么，它到地球的距离大约是地月距离的260倍。

如果你和爸爸妈妈分别扮演那颗行星、地球和月球，那么爸爸在客厅中央，妈妈坐在距离爸爸1米远的沙发上，而你则要站在距离家260米远的地方。

对于这个距离，我们依然可以拿速度为300千米/时的高铁来举例说明。在前面，我们已经计算出假如我们乘坐高铁到距离地球1000万千米远的地方旅行，这趟旅程大约需要 3.8 年。那么，当这个距离增加到 1 亿千米（1000 万千米的 10 倍）时，这趟旅程所需要的时间也会变长 10 倍，大约需要 38 年的时间。

也就是说，如果这辆高铁上有一个刚出生的小宝宝，那么等他 38 岁左右，才能到达距地球 1 亿千米远的地方。

跟前文一样，"亿千米"这个尺度其实是指 1 亿 ~10 亿千米这个范围。

那么在"亿千米"这个尺度下，哪个天体才是离我们最近的呢？有的读者可能出于思维惯性，认为"大块头"木星离我们最近。

其实，在这个级别的尺度下，离我们最近的天体是太阳。太阳系中，与地球距离从近到远的天体依次是金星、火星、水星、太阳。

注意，"无穷大游戏"终于迎来了第一颗恒星！

太阳到地球的平均距离到底是多少？答案很精确，它是：

149597870700 米！

毫无疑问，这是一个很大，读起来也很麻烦的数字，不信你读一遍试试。经过商量，天文学家们作出了一个规定：

太阳到地球的平均距离为 1 天文单位。

瞧，这样表述多方便，太阳到地球的平均距离就是 1 天文单位！

可别认为天文单位只能用于表述地球和太阳的平均距离，实际上整个太阳系中行星间的距离都能用它表述。

比如，火星到太阳的最远距离约为日地平均距离的 1.67 倍，此时，如果我们把 149597870700 米乘以 1.67，再把计算结果读出来，想一想就够让人心烦的了。但有了天文单位后，我们就可以说，火星到太阳的最远距离是 1.67 天文单位。

如果我们新发现了一颗太阳系行星，它到太阳的距离是日地平均距离的 10 倍，那我们就可以说这颗行星到太阳的距离是 10 天文单位——多么简洁明了。

虽然天文单位给我们带来了很大的方便，但有一个问题不得不说一下：既然 1 天文单位等于日地平均距离，那么万一随着时间的推移，日地平均距离变了怎么办？

这确实是一个问题，因为这意味着许多年后的人类眼中的“1 天文单位”，与目前我们认为的“1 天文单位”不一样。

假如你是一名天文学家，你打算怎么解决这个问题呢？

你该怎么做，才能让这个人为定义的长度单位亘古不变呢？

有些读者可能会说，既然天文单位与日地距离绑定，而日地距离又会随着时间的推移而变化，那么天文单位就最好不要跟日地距离绑定，而是跟它现在代表的距离绑定，如此就亘古不变了。

答对了！天文学家就是这么做的。

2012 年 8 月，在北京举行的国际天文学联合会第 28 届大会上，天文学家经商议决定，把 1 天文单位代表的距离锁定：

1 天文单位等于 149597870700 米！

这个数值不会再变了，哪怕再过 1 亿年！

最后，为了让天文单位的表述更简洁一些，天文学家还规定了它的英文缩写——AU。

所以，日地平均距离为 1 天文单位，也就是 1AU，即 1AU=149597870700 米。

你还可以这样记：1AU ≈ 1.5 亿千米，这就代表日地平均距离是 1AU，大约为 1.5 亿千米。

以后，我们在书上看到 AU 时，就可以很快地将米换算成千米。比如，一颗小行星离地球 2AU，那么这颗小行星距离地球约 3 亿千米。

关于太阳的知识，想必大家之前已经了解了很多。因此，"无穷大游戏"不在这里过多停留，我们继续前进。

小行星带

　　说完了太阳，接下来总该轮到木星出场了吧？不好意思，还没轮到它。广袤的太阳系中，还有一个神奇的地方，它就是小行星带。

　　火星与木星的轨道之间聚集着数百万颗小行星，其整体形状像环带，故称为"小行星带"。相比木星，小行星带距离地球可近多了。

坐拥数百万颗小行星

　　截至 2024 年，被天文学家和天文爱好者们发现并获得永久编号的小行星已有 68 万颗。被发现但还没有永久编号，只拥有"临时身份证"的小行星，以及藏在某个角落还没有被发现的小行星，更是不计其数。

　　天文学家估计，在小行星带上，直径在 1

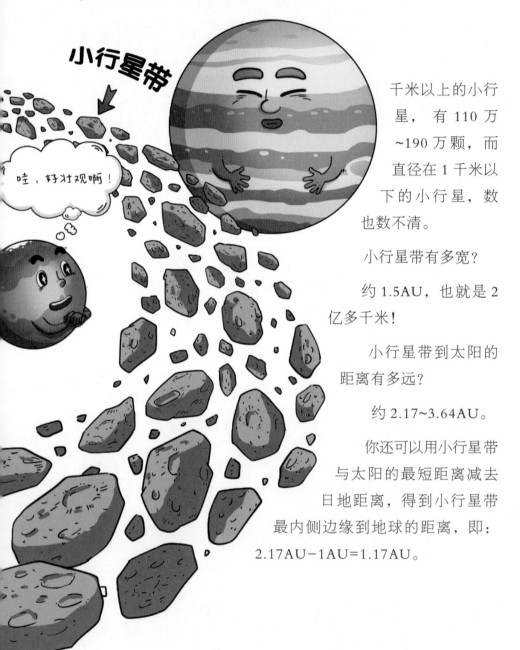

小行星带

哇，好壮观啊！

千米以上的小行星，有 110 万~190 万颗，而直径在 1 千米以下的小行星，数也数不清。

小行星带有多宽？

约 1.5AU，也就是 2 亿多千米！

小行星带到太阳的距离有多远？

约 2.17~3.64AU。

你还可以用小行星带与太阳的最短距离减去日地距离，得到小行星带最内侧边缘到地球的距离，即：2.17AU−1AU=1.17AU。

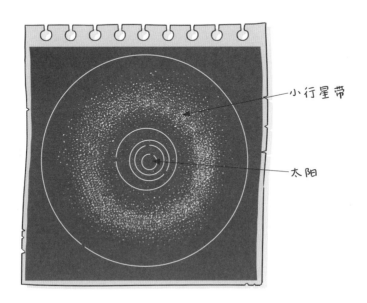

看了小行星带的示意图，你或许会担心，如果航天器要穿越小行星带，岂不是很容易撞上这里面的小行星，导致"机毁人亡"？

还别说，不光你担心，科学家曾经也这么认为。人类发射的多数探测器，它们的必经之路就是小行星带。但后来大家发现，这些探测器全都安然无恙地穿过了小行星带。于是，科学家才渐渐没有了这种担心。

不难理解，虽然小行星带有百万颗小行星，但它实在是太宽了，所以对航天器来说，小行星带里面其实是非常空旷的。

千奇百怪的小行星

大多数小行星形状不规则，表面粗糙。它们中有的主要由硅酸盐构成，有的富含碳元素，还有的是由各种贵金属组成的。

《科学》杂志曾经报道过一颗金属小行星，它的永久编号是 6178。据估计，这颗小行星含有丰富的金、铂、镍以及铁等重金属元素。

小行星带距离地球十分遥远，人类目前也还没有能力去那么远的地方采矿。不过别忘了，偶尔也会有一些小行星偏离轨道，朝着地球飞来，在这样的情况下，去小行星上采矿还是有可能实现的。

没有规矩，不成方圆

被除名的谷神星

早在 19 世纪，谷神星就被发现了，它是小行星带内被发现的第一个天体。当时，谷神星荣获了让它睡觉都能笑醒的至高地位——行星。

在长达半个世纪的时间里，人们一直以为谷神星是像地球一样的行星，是从水星开始往外数的第五颗行星。但后来我们也知道了，谷神星还没有这个资格。

谷神星是小行星带中已知最大和最重的天体，它的直径大约为 950 千米，质量甚至占小行星带总质量的 1/3。另外，谷神星绕太阳一周需要大约 4.6 年。

除了谷神星，天文学家后来又在小行星带

里面陆陆续续发现了其他小行星，比如健神星、灶神星、婚神星等。

图中是小行星带中个头儿排在前 10 名的天体与月球的对比示意图，最左侧为谷神星，最右侧的为健神星。

前面说了，人们发现谷神星时，以为它是一颗行星，地位跟地球、火星等行星并列。但为什么后来人们把它从行星中除名了呢？

因为后来人们又在小行星带内发现了一些较大的天体，如健神星、婚神星、灶神星、智神星等。如果谷神星是行星，那其他的小行星也得叫作行星。可是，如果连直径只有 200 多千米的婚神星都能称为行星，这让地球、木星等行星的脸往哪儿搁？

行星的定义

没有规矩，不成方圆。

2006 年 8 月 24 日，在捷克首都布拉格举行的国际天文学联合会第26届大会上，天文学家投票修改了行星的定义。从此，太阳系里除太阳之外的各种天体就被分成了 3 种不同的类型。

第一类：行星。

要想成为一颗行星，必须满足以下条件。

1. 环绕太阳运行。

2. 有足够的质量，形状接近球体。

3. 有独立的运行轨道，能将邻近轨道上的天体清除。

4. 没有发生核聚变。假如气态行星的质量非常大，导致其中心发生核聚变，像太阳一样发光发热，那它就不是行星了，而是恒星。

第二类：矮行星。

要想成为一颗矮行星，必须满足以下条件。

1. 环绕太阳运行。

2. 有足够的质量，形状接近球体。

3. 没有独立的运行轨道，未能将邻近轨道上的天体清除。

4. 不是行星的卫星。比如月球，虽然它比谷神星大得多，但它是一颗卫星，所以没资格成为矮行星。

第三类：太阳系小天体。

除了行星和矮行星外，我们把所有环绕太阳运行的其他天体都称作"太阳系小天体"。不过，我们习惯把"小天体"称为"小行星"。在小行星带内，只有谷神星是矮行星，其他都叫作小行星。

在 19 世纪，因为在小行星带内陆续发现了很多小行星，那时的天文学家认为这些是"消失的第五颗行星"——小行星带中的小行星是第五颗行星被摧毁后产生的碎片。不过现在，这个假说已经被推翻了，因为我们高估了小行星带——它的质量甚至比月球的质量还要小！更重要的是，小行星带里的小行星，它们的成分差异很大，这很难说明它们来自同一颗行星。

从地球到木星

　　离开距离地球约 1.5 亿千米（1AU）远的太阳，再越过离地球大概 1.76 亿千米（1.17AU）远的小行星带，"无穷大游戏"终于抵达了木星。

　　木星到太阳的平均距离为 7.78 亿千米，大约是日地平均距离的 5.2 倍。也就是说，木星到太阳的平均距离约为 5.2AU，比日地距离远了整整 4.2AU，将单位换算成千米，就是：

$$4.2 \times 1.5 \text{ 亿千米} = 6.3 \text{ 亿千米}$$

　　现在知道了吧，地球与木星的距离约为 6.3 亿千米！它们之间实在是太遥远了。

太阳系中的"大块头"

　　木星是一个"大气球"，不像地球那样拥

有坚实的陆地。作为气体行星，木星主要由氢和氦组成。但你可别以为木星的质量肯定很小，实际上它的质量大得惊人。

地球的质量根本就没法跟木星比，甚至太阳系内除了木星之外的其他 7 颗行星的总质量也没有木星的质量大。

木星到底有多大呢？

11 个地球"肩并肩"排在一起的长度才能大致赶上它的直径。

　　地球赤道的长度约为 4 万千米，所以有"坐地日行八万里"之说，而木星赤道长约 44.9 万千米，这意味着，我们从地球飞往月球的这段距离（约 38 万千米），还比不上航天器绕木星赤道飞一圈的距离。

默默保护地球的"老大哥"

　　大家可能会认为，木星离我们约 6.3 亿千米，如此遥远的距离决定了木星与地球的联系不大。

　　这么想就不对了。

　　仔细推敲起来，木星与地球的关系挺密切的。有一种假说认为，约 6500 万年前，一颗小行星撞击了地球，导致了恐龙的灭绝。

如果像这样的"不速之客"经常"光顾"地球，人类就没法生存了。假如亿万年来，小行星撞击地球的事件频繁发生，那么地球也难以孕育出智慧生命，比如人类。

问题来了，如果按照上面的假说，为什么导致恐龙灭绝的小行星撞地球事件没有频繁发生呢？其中一个原因就是木星在保护我们。

木星个头儿大，会产生巨大的引力，在太阳系内扮演着"太空吸尘器"的角色。这个场景不难想象：在浩瀚的太阳系内，靠近木星的小天体会被木星的引力捕获，然后被木星吞噬掉。

天文学家估算，彗星撞木星的概率，要比彗星撞地球的概率高很多。显然，这是因为木星的引力太大了，这些小天体根本抵御不了。

木星就像一块大磁铁，围绕太阳一圈又一圈运转的同时，吸引了一个又一个可能会撞向地球的小天体。因此，如果没有木星帮忙"打扫"太阳系，各种小天体撞击地球的可能性会大幅提升。

彗星、木星大碰撞

人类第一次观察到彗星与木星相撞是在 1994 年，一颗名叫"舒梅克 - 利维 9 号"的彗星，在稍早前已被木星巨大的引力撕成了 21 块碎片。不到一周的时间，这 21 块彗星碎片与木星相撞。

彗星与木星相撞时产生的能量巨大，撞击产生的闪光在地球上都能拍摄到。除了撞击产生的火球，随后腾起的尘埃云团更是壮观。撞击一年后，哈勃空间望远镜甚至还能在木星上观测到撞击留下的暗斑。

借助 1994 年的彗星与木星相撞事件，科学家不仅知道了木星及其大气的更多信息，也让人们认清了一个事实——木星确实是太阳系内的"清道夫"。

11

10 亿千米

开始"站队"

真快，没想到"无穷大游戏"已经来到了10亿千米的尺度。但你可能没想到，跨入10亿千米的尺度后，我们依然在太阳系里。

还是拿速度为300千米/时的高铁来举例：假如我们乘坐这辆高铁去距离地球10亿千米的地方旅行，这趟旅程将耗时约380年。

类似地，10亿千米这个尺度其实是指大于或等于10亿千米，小于或等于100亿千米的范围。

内热外冷的"选美冠军"

将范围确定之后，我们马上就可以见识一下距离我们超过10亿千米的第一颗行星，它是谁呢？

当然是太阳系里最美的土星了，它距离地

球约 13 亿千米。

土星很美，如果除地球之外的七大行星参加"选美比赛"，不用说，土星肯定拿第一。

土星与太阳的最远距离约为 10AU。既然土星距离太阳那么远，那它得到的来自太阳的热量肯定就很少了。

没错，正因如此，土星表面的温度非常低，通常达零下 185 摄氏度。虽然这个温度已经很低了，但是科学家却认为，如果土星只是被动地接收来自太阳的热量，其表面的温度应该还会更低。

因为土星自身内部非常热，核心温度高达 11700 摄氏度，所以从土星内部辐射到太空中的热量，比土星接收到的来自太阳的热量要高。

土星的体积仅次于木星，是太阳系第二大行星。土星的"大肚子"可以装大约 763 个地球。

土星上大气浓厚，其主要成分是氢，约占整体的 96%。土星表面风速高达 1700 千米／时，这相当惊人，因为地球上的大多数客机的速度都在 1000 千米／时以内。

土星的密度比水还要小。如果宇宙中有一片足够大的海洋，我们把地球扔进

好大呀！

海洋中会听见咕咚一声，地球会沉到海底；如果把土星扔进去，它只会"挣扎"几下，然后静静地浮在海面上。

行星的分类

一般来说，我们把主要由气体组成的行星称为"类木行星"，如木星、土星；把和地球一样，主要由岩石和其他固态物质组成的行星称为"类地行星"，水星、金星和火星都

是类地行星。

瞧，太阳系也就八大行星，但它们已经开始"站队"了。一队是以地球为首的类地行星，另一队是以木星为首的类木行星。这个划分标准不仅适用于太阳系，还适用于银河系，乃至整个宇宙。

如果我们看到新闻报道说科学家在某个星系发现了一颗类地行星，其实也不必太过讶异，因为这只能代表这颗行星在结构上比较接近地球，我们可能还无法知道这颗行星上有没有生命。

虽然离土星极其遥远，但我们直接用肉眼就能在夜空中看到它。通常，除地球外的七大行星中，我们能用肉眼观测到 5 颗。而土星，是我们肉眼可见的 5 颗行星中距离我们最远的那一颗。

在极端环境下，比如夜空极为黑暗（没有明月），或许视力特别好的人凭肉眼能勉强看到天王星。

土星与生命

于 1958 年建立的国际空间研究委员会（英文缩写为"COSPAR"），是协调空间科学研究和促进国际合作的重要组织。COSPAR 有 7 个科学小组，其中第 7 组为"行星保护"分委会，主要在政策和技术层面提出行星保护的建议和要求。

行星保护

1984 年，受联合国委托，COSPAR 发布了行星保护政策要求，成为各国在深空探测活动中必须承担的责任和义务。

在执行深空探测任务时，科学家会把一些微生物或微生物孢子暴露在太空环境中进行实验。他们发现即使没有空气和水，在很强的太空辐射下，这些微生物也能生存很多年。

　　这会带来一些麻烦，因为地球上的微生物可能会传播到其他天体上，污染其他天体上的物质或生命。与此同时，我们人类还会从其他天体采样返回地球。如果不采取保护措施，从其他天体返回的物质或生命，也可能会污染、危及地球上的生物圈。

　　针对以上两种情况，在开展深空探测的过程中，我们应该采取措施，避免地球和其他天体之间出现交叉生物污染，这就是行星保护。

　　COSPAR 依据不同的空间探测对象和任务形式，将行星保护分为 5 类。

行星保护任务的类别定义

类别	定义	任务形式	目标天体
I	对目标星球探索的直接目标不是了解生命的起源或化学演化的过程，对以这些星球为目标星球的轨道飞行器或着陆器，不需要实施行星保护	飞越、环绕、着陆	金星、未分化的小行星
II	对目标星球探索的目标是了解生命的起源或化学演化的过程，但由航天器造成的污染机会非常小，不会对未来的探索计划造成危害	飞越、环绕、着陆	彗星、月球、木星、土星、天王星、海王星、冥王星及其卫星和柯伊伯带天体
III	明确任务目标是对目标星球的生命起源或化学演化的过程进行探索，或者科学家认为航天器会造成污染的机会较大，从而危害未来生物学实验	飞越、环绕	火星、木卫二、土卫二
IV	明确任务目标是对目标星球的生命起源或化学演化的过程进行探索，或者科学家认为航天器会造成污染的机会较大，从而危害未来生物学实验	着陆	火星、木卫二、土卫二
V	所有执行返回任务的航天器，重点关注保护地球和月球	采样返回地球	限制返回：火星、木卫二；无限制返回：月球等其他天体

注：其中火星IV类任务中又分为3个子类。IVa类为不研究火星生命的着陆任务；IVb类为研究火星生命的着陆任务；IVc类为到达火星特定区域的着陆任务。

第一类：目标天体不可能有生命，比如金星。对于这类目标天体，我们不需要考虑实施行星保护。

第二类：目标天体可能曾经有过生命，比如月球，但航天器对目标天体造成的污染机会非常小，不影响未来的探索计划。对于这类目标天体，我们只需要简要记录相关的污染控制措施即可。

第三类和第四类：目标天体可能有生命，我们的航天器对目标天体造成的污染机会较大，并且会影响到未来的生物学实验。具体来说，根据飞越、环绕、着陆等任务形式的不同，行星保护的重点和要求也不同。比如，探测器着陆火星，属于第四类任务，其要求在第三类任务的保护措施基础上增加部分接触硬件净化、生物防护罩等保护措施。

第五类：对目标天体实施采样返回地球任务，除了对目标天体做与第四类任务相同的保护措施外，还需要增加返回保护，使样品和地球都不受污染。

我叫"卡西尼"号，用来探索土星！

坠入土星

在"卡西尼"号土星探测器发射前，COSPAR

把它的任务确定为第二类，那时人们认为，土星的卫星——土卫六表面温度大约为零下179.5摄氏度，因此土卫六上不太可能有生命。

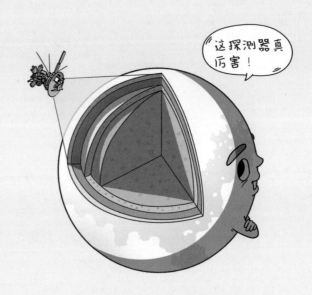

1997年10月15日，"卡西尼"号发射成功，它经过约7年时间飞到环绕土星的轨道上，并对土星及其卫星开展探测。它传回的信息使科学家对土星的看法不断被刷新。美国国家航空航天局认为，土卫六是我们已知的除地球和火星外，可能存在生命的天体之一。

除了土卫六，还有神奇的土卫二——这颗星球因为表面被厚厚的冰层覆盖，所以成为太阳系内最能反射阳光的天体。

2005年，在土卫二的南极附近，"卡西尼"号发现了一个惊人的现象——冰晶喷射，而喷射物是水和冰的混合物！后来，科学家宣布，"卡西尼"号发现土卫二南极冰下有海洋，海洋中不排除有生命存在。

　　虽然"卡西尼"号发射升空前已经做过灭菌处理，但当时只是执行行星保护第二类任务的要求。随着人们对土星卫星探测的深入，在行星保护方面，对土星卫星的探测任务已经上升到了第四类，这就意味着执行第四类任务的探测器对灭菌有了更高的要求。

　　土星及其卫星的引力很复杂，而"卡西尼"号的燃料终有用尽的一天，到时"卡西尼"号很有可能会飞到土卫六或土卫二上。"卡西尼"号里面有一些放射性元素，要是它和

土卫二的海洋接触了，万一不小心"扼杀"了脆弱的外星生命，那就得不偿失了。于是，科学家忍痛割爱，强制让"卡西尼"号在 2017 年 9 月 15 日撞上土星坠毁。

茫茫宇宙，是否存在外星生命？这是人类最关心的问题。

莎士比亚说，生存还是毁灭，这是一个问题。

而有没有外星生命，这对人类来说是一个更大的问题！

天王星

离开距地球约 13 亿千米的土星，"无穷大游戏"继续向下一颗离我们更远的星球——天王星迈进。

说起天王星，我们知之不多，但关于它的故事可不少。不过在讲故事之前，我们得先了解一下它离我们到底有多远。

天王星离太阳最远时超过 30 亿千米，最近时大约 27.5 亿千米。也就是说，减去日地距离后，则天王星离我们最近时在 26 亿千米左右。

这很好记，土星离地球大约 13 亿千米，而天王星到地球的距离还要远 1 倍，达 26 亿千米左右。打个比方，土星如果离你 1 米远，则天王星离你 2 米远。

行星环的发现

跟土星一样，天王星也有行星环。然而，天王星被发现后的近200年内，科学家一直都不知道天王星也是有行星环的。

直到 1977 年 3 月 10 日，夜空中的天王星正好从一颗遥远的恒星面前经过，这意味着它必然会在一小段时间内把这颗恒星遮住。这颗被遮住的恒星就是天琴座中一颗编号为SAO158687 的恒星。

行星掩恒星是一次非常难得的观测机会，绝对不能错过。于是，中国、美国、印度、澳大利亚等国家的天文学家都开始了精心的准备，并进行认真的观测。

结果，他们有了大发现！

大约在天王星掩恒星前的 35 分钟，各国的天文学家几乎同时发现，那颗恒星好像已经被什么东西遮住了，因为星光突然变暗淡了。这种现象发生了 5 次，当天王星掩恒星结束后，又发生了 5 次。

经过仔细分析，天文学家认为，除非天王星有 5 个行星环，否则无论如何也无法解释掩恒星前后发生的奇怪现象。之后，包括中国在内的好几个国家的天文学家，都不约而同地宣称发现了天王星的行星环，而且行星环一共有 5 个。

后来，经过仔细观测，天文学家又发现了天王星另外的 4 个行星环，天王星的行星环数量增加到 9 个。

到了现在，天文学家已经确认，天王星共有 13 个行星环。

不知道你发现没有，天文学家还是挺聪明的。在望远镜还不是很先进，无法直接观测到行星环时，他们就能通过天王星对恒星的影响——天王星的行星环遮住恒星的次数，来判断天王星的行星环是否存在，以及行星环的数量。

天文学家简直就是"破案高手"，他们通过蛛丝马迹，就能发现一些肉眼看不到，甚至望远镜也看不到的东西。

"躺平"的天王星

说完了天王星的行星环，我们再来了解一下它的轨道。我们知道，地球在绕太阳公转的轨道上是"斜着身子"转动的。

而天王星公转时倾斜得更厉害，都算得上"躺平"了。

太阳系八大行星中，只有天王星这么随意。所以，人们常说，天王星是躺在公转轨道上"打滚"的星球。

天王星绕太阳公转一圈大约需要84年，因此，当天王星的北极被太阳持续照射42年，永远处于白天时，其南极的黑夜也长达42年！

预测失败

1781年，英国天文学家威廉·赫歇耳发现天王星后，天文学家们兴奋极了，他们跃跃欲试，试图根据万有引力定律，推算天王星准确的运行轨道。

这项工作很基础，也很重要。只有把天王星的运行轨道推算出来，天文学家才能更好地观测它并做出预测。

然而，天文学家的预测却一次次失败了，天王星并没有按照他们推算出的轨道运行。为此，他们伤透了脑筋。

1800 年，天王星的运行速度渐渐加快，它偏离了天文学家预测的位置。1830 年左右，天王星的运行速度又慢了下来，甚至比往常还慢。到 1845 年，天王星已经严重偏离了天文学家预测的位置。

当时，大家找不出发生这种奇怪现象的原因，只好怪罪牛顿发现的万有引力定律。一些天文学家认为，万有引力定律也许并不像人们所认为的那般准确。

不过，也有人认为，不应该随便怀疑万有引力定律。天王星的运行轨道之所以难以预测，

小知识点

如果知道一颗行星（如木星）的位置，根据万有引力定律，可以计算出它对临近行星（如火星）的扰动，这种扰动被称为"摄动"。

179

可能是因为天王星之外还有一颗行星，这颗行星对天王星的引力干扰了它的运行轨道。

问题是，如果存在这样一颗行星，那它在哪里呢？在当时，人们要想根据已知条件推测出未知行星的位置是非常困难的，有人甚至认为这不可能做到。

1845 年，法国天文学家和数学家奥本·勒威耶决心向这个世纪难题发起挑战。他进行了大量繁杂的计算，直到 1846 年 8 月 31 日，他终于算出了未知行星的质量、亮度和精确的位置。

勒威耶很兴奋，他请求一些天文台根据他计算出的位置，用望远镜寻找这颗新行星。然而，当时根本就没人愿意搭理这个无名小辈。

后来，勒威耶只好请求德国柏林天文台的天文学家伽勒帮忙。伽勒答应了勒威耶的请求，他按照勒威耶算出的位置寻找，果然发现了一颗新的行星，它就是我们现在熟知的海王星。

海王星

在太阳系八大行星中，海王星离太阳最远。海王星离太阳最远时大约 45.5 亿千米，最近时约 44.5 亿千米。

光在真空中传播的速度约为 30 万千米／秒，即便如此，如果航天器从海王星上传一个信号回地球，大概需要 4 小时。

试想一下，如果"海王星人"与地球人通话，两者说的话要等 4 小时才能被对方听到。

早上 8 点，地球人发出信号问"海王星人"："你吃早饭了吗？"

中午 12 点，"海王星人"才收到消息，于是回复："我正在吃午饭呢！"

下午 4 点，地球人收到回复的时候，已经要准备晚餐了。

海王星距离太阳这么远，获得的来自太阳的能量自然就少。科学家经过计算认为：海王星获得的来自太阳的能量只有地球的千分之一。

既然海王星获得的外部能量如此之少，那这颗星球上肯定很冷吧？事实确实如此，海王星云层顶端的温度低至零下 218 摄氏度。

另外，海王星上的最快风速竟然达到 2100 千米 / 时，这已经是超声速——声音在 15 摄氏度的空气中的传播速度也只有 1224 千米 / 时。

如果按照世界气象组织建议的分级，地球上的风力等级最大也才 12 级，其速度可达 118 千米 / 时及以上。

你觉得海王星上的风速应该对应多少级呢？

太阳系八大行星中，海王星上的风速排在

第一，这让很多人难以理解。有些科学家认为，其中一个原因是海王星自身释放的能量比它从太阳那里得到的还要多。也就是说，海王星上的巨大风暴有着内在的能量来源。

　　海王星的体积在太阳系八大行星中排第四，居天王星之后。但海王星的质量比天王星大，大概相当于17个地球的质量，而天王星的质量大约是地球的15倍。

冥王星

海王星是"无穷大游戏"中 10 亿千米尺度里的行星，也是太阳系最外侧的一颗行星。按理说，我们应该早点进入百亿千米尺度看看。但是，有一个天体很重要，它的知名度也非常高，它曾经短暂地"混"入了行星队伍——想必你已经知道了，它就是冥王星。

前面提到，海王星离太阳最远时大约 45.5 亿千米，那你知道冥王星离太阳最远时有多远吗？

答案是约 74 亿千米！

但你知道吗？冥王星离地球最近时，大约只有 43 亿千米。冥王星有时候比海王星更靠近地球。

奇怪，为什么会这样？

其实不难理解。下图为冥王星和海王星的公转轨道示意图，中间为太阳。

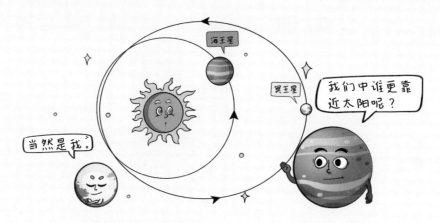

不难发现，离太阳最近时，冥王星比海王星更靠近太阳，当然也更靠近地球。

冥王星的发现者

说起冥王星，我们就不得不提到它的发现者——克莱德·威廉·汤博。

汤博的家里很穷，他没钱去读大学。但汤博很喜欢天文学，甚至自己动手做了望远镜，并将观测结果和手绘星图送到历史悠久的洛厄尔天文台。台长看中了汤博对天文学的热情，给了他一份观测助理的工作。在那里，汤博全身心地投入寻找新行星的工作中。

在当时，要找到海王星之外的新行星是非常困难的。如果海王星之外还有行星，那这些行星一定很暗，别说肉眼，就算用望远镜都很难看见它们。

我们用肉眼能看到的星星都是比较亮的。在夜空中，这些肉眼能看见的星星其实是少数，更多的是我们用肉眼无法看到的暗星。如果使用天文望远镜，数量极大的暗星就一颗一颗地显露出来了。而它们中的绝大部分都是恒星。

汤博想寻找的那颗行星，就藏在密密麻麻的暗星中，要想找到它确实太难了。

不过，有一个行之有效的办法可以用来判断其中哪一颗是行星，那就是相对于由看似不动的恒星组成的背景，位置随时间变化的，基本上就是行星。

于是，汤博就把星空划分成许多小片区域，而对同一片星空，汤博今天给它拍一张照片，明天再给它拍一张照片。接着，汤博开始比较两张照片有什么不同。如果他没有找到不同之处，那就证明这片星空中没有行星，只有恒星。假如这两张照片有某个地方不一样，比如一颗暗星的位置发生了轻微的变动，从照片上看它移动了几毫米，惊喜可能就来了。

说到这里，有些读者可能认为这项工作挺简单的，跟我们平时玩的"找不同"游戏差不多。

你能找到这两幅图中的不同之处吗？请试一试吧！

如果这么想，那你就错了，因为汤博拍摄的每张照片中都有5万~40万颗恒星，要想从中找到一颗不同的暗星，难度可想而知。幸亏，汤博采用了闪现仪——一种当时流行的天文仪器，它可以利用人眼对变化的物体比较敏感的特征，将不同时间拍摄的同一片星空的照片进行快速切换，这样人眼就能发现两张照片的一些细微差异。

这种方法既费时间，又费眼睛，普通人很难长期坚持。好在汤博得到了幸运之神的垂青。

1930 年 2 月 18 日，汤博在辛苦地比较了差不多一年照片之后，发现双子座附近有一颗暗星的位置移动了，但它移动得很慢。

汤博确信，这颗暗星应该在海王星的外侧。接着他又观测了一个月，才终于确定这颗暗星就是行星。1930 年 3 月 13 日，汤博对外宣布，他发现了一颗新天体，这就是后来的冥王星。

瞧，天文学家多聪明，竟然用类似"找不同"游戏的方法发现了新天体，这实在是太妙了。

个性十足的冥王星

冥王星刚被发现时，由于当时的观测技术还不是很先进，人们错误地估计了冥王星的质量，从而推断冥王星的体积是地球的好几倍。

既然地球是行星，那么比地球大几倍的冥王星当然也得是行星。所以，冥王星的行星地位就这么被确定了下来。

随着技术的进步以及天文观测仪器的不断升级，人们逐渐发现，当时对冥王星体积的估算存在重大失误。

人们发现冥王星的直径约为 2370 千米，比月球的直径还要小。太阳系八大行星的所有卫星中，就有 7 颗比冥王星还大。

这下，冥王星就没法赖在行星的宝座上了！

这还没完，冥王星绕太阳公转一圈需要 248 年，公转轨道也明显与其他行星的不一样。虽然经常在海王星外侧，但冥王星有时候会运行到海王星的内侧。也就是说，冥王星有时候比海王星还靠近太阳。

特别是，其他行星基本上都老老实实地在太阳系的黄道面上运行，而冥王星却在黄道面的上下"穿来穿去"，很有个性。

被迫离开"行星家族"

1992 年之后，天文学家在离太阳更远的地方陆续发现了大小与冥王星类似，甚至比冥王星还要大的天体，那么问题就来了。

假如冥王星是行星，那人们就没理由不把那些比冥王星还要大的天体也列为行星。但是如果这样做，太阳系"行星家族"的成员就会急剧增加。

于是，一些天文学家摩拳擦掌，准备把冥王星从行星队伍中踢出去，但相关提议并没有被国际天文学联合会通过。

2006 年 8 月 24 日，在国际天文学联合会第 26 届大会上，天文学家通过投票表决的方式，最终成功修改行星的定义。

只是，冥王星家喻户晓，人们把它当成行星已经 70 多年了。所以，当国际天文学联合会宣布冥王星不再是行星时，人们还真有点儿不习惯。

其中，美国人最为不满，因为冥王星是美国人汤博发现的，它被很多美国人亲昵地称为"美国行星"，甚至连迪士尼动画片中的一只小狗也以冥王星的英文为名，叫作"Pluto"（布鲁托）。但这次，美国人也只能接受这一事实。

有关太阳系边界的
探讨（一）

　　跨过 10 亿千米这一尺度，我们也就跃过了太阳系内的所有行星。

　　再向外，已经没有太阳系的行星了，但会有系外行星。这是不是说明，我们已经抵达了太阳系的边界？或者说，我们即将飞出太阳系了呢？

　　哪里的话，我们离飞出太阳系还很遥远！与太阳系边界相关的问题十分有趣，稍后再讲。我们先来说说"无穷大游戏"将要抵达的这一站——百亿千米。

　　百亿千米到底有多远？这个问题不难回答：地球离太阳大约 1.5 亿千米，100 亿千米约为日地距离的 67 倍，就这么简单。

那么，距离地球 100 亿千米远的地方是太阳系的边界吗？

太阳系边界的定义

提到边界，我们得弄清楚，到底哪里才是太阳系的边界。

目前，对太阳系边界的探索已经成为国际空间物理研究的热点。关于太阳系的边界，天文学家提出了 3 种不同的定义。第一种是以行星轨道为界，从太阳延伸到海王星；第二种是以太阳风所能抵达的最远距离为界；第三种是以太阳的引力范围为界。

不同的定义标准，太阳系的边界也不同。第一种定义的缺点显而易见：太阳系中最远的行星是海王星。而在海王星的轨道之外，还有很多天体，比如彗星、小行星等。至于后两种定义，哪种更准确，目前科学界还存在一些争议。

太阳风

关于第二种定义，我们先来了解一下太阳风。

日冕的温度非常高，达到几百万摄氏度。此时，氢、氦等原子被电离成带正电的原子核和带负电的自由电子。这些带电粒子的运动速度极快，以至于大量带电粒子挣脱太阳引力的束缚，射向太阳的外围，形成太阳风。

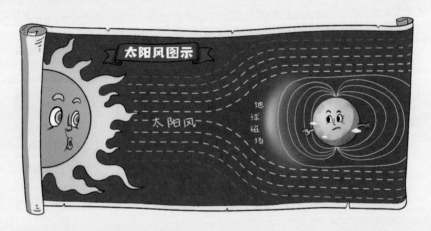

太阳风的速度一般为 200~900 千米 / 秒。毫无疑问，太阳风这么快的速度，必然会吹得很远。

有多远呢？

太阳风就像一个大气泡。天文学家把太阳和太阳风能影响到的区域叫作"日球层"，把太阳风能抵达的最远距离叫作"日球层顶"，也就是太阳系的边界。

为了更好地理解日球层顶，我们来看一下图示。

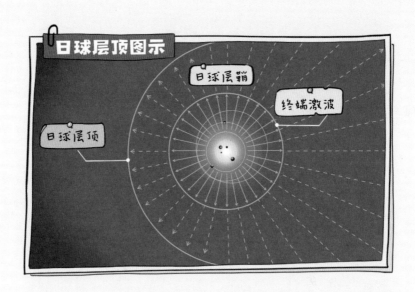

太阳风在接近日球层顶时，风速会减慢，并在日球层顶内侧形成一个终端激波。终端激波和日球层顶之间的区域，被称为日球层鞘。太阳风穿过日球层鞘，就会到达日球层顶。在这里，因为太阳风中的带电粒子接触到星际介质，存在复杂的电荷交换过程，导致太阳风停滞不前，其速度比声音的传播速度还慢。

也就是说，终端激波是太阳风急剧减速的地方，而日球层顶则是太阳风停滞不前的地方。

这样看来，如果按照太阳风所能抵达的最远距离来定义，那么日球层顶无疑就是太阳系的边界了。根据理论推测，日球层顶距离太阳有 80~150AU。

美国国家航空航天局于 2013 年 9 月 12 日宣布，"旅行者 1 号"已经穿越了日球层顶，它成为第一个离开太阳系进入星际空间的探测器。根据"旅行者 1 号"的测量，太阳系的边界大约距离太阳 121AU，也就是 181.5 亿千米。

2018 年 12 月 10 日，美国国家航空航天局确认，"旅行者 2 号"离开太阳系，成为第二个进入星际空间的探测器。

到 2024 年，"旅行者 1 号"和"旅行者 2 号"都已经是 47 岁的"古董"了。

有关太阳系边界的
探讨(二)

目前，许多天文学家相对更愿意接受太阳系边界的第三种定义——以太阳的引力范围为界。按照这个定义，太阳系八大行星、日球层顶，以及遥远的小行星、彗星等都在太阳系的范围内。

那太阳的引力范围是多少呢？这得从另一种天体——彗星说起。

彗星分很多种，如果一种彗星绕太阳运转一圈的时间超过 200 年，则这种彗星叫作"长周期彗星"。像麦克诺特彗星就属于长周期彗星，据推算，这颗彗星绕太阳一圈需要 9 万多年。

大名鼎鼎的哈雷彗星绕太阳一圈大约需要 76 年，它就不能叫作长周期彗星，而应被称为

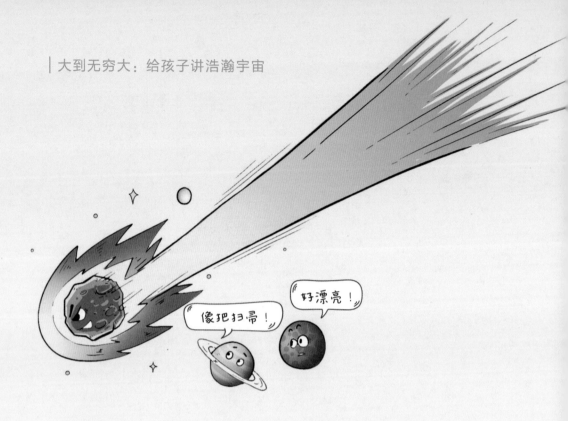

短周期彗星。

1932 年，爱沙尼亚的天文学家恩斯特·奥匹克猜测，长周期彗星可能起源于太阳系最外端的一处"云团"。

1950 年，荷兰天文学家扬·奥尔特也提出了"云团"假说，并且完善了相关的理论依据。为了纪念奥尔特作出的贡献，这处"云团"被人们称为奥尔特云。

奥尔特云离我们实在是太遥远了，人们目前只能估计它离我们的距离。有的天文学家认为，奥尔特云与我们的最近距离为 2000AU，最远距离超过 5 万 AU。也有的天文学家认为，奥尔特云离我们的最远距离在 10 万 AU 以上。

那么，奥尔特云的最远边界距离我们到底是 5 万 AU 还是 10 万 AU 呢?

答案是不知道。

天文学家唯一知道的是：人类已知的太阳系，只是整个太阳系极小的一部分，其他绝大部分区域仍然是未知的。

虽然人类还无法精确定义奥尔特云的最远边界，但目前的共识是，如果按照太阳引力的影响范围来定义，则奥尔特云的最远边界就是整个太阳系的边界。

天文学家普遍认为，46 亿年前太阳及其行星形成之后，星云的残余物质包围着太阳系演化至今，这就是现在的奥尔特云。

据估计，在奥尔特云里，直径大于 1 千米的小天体可能有上万亿个，而直径大于 20 千米的小天体可能有几十亿个。

但是，目前人类对奥尔特云的了解还非常有限。因为这些小天体就像一个黑乎乎的煤球，运行在一片漆黑的太空中，人类用望远镜根本就看不到，而且目前还没有人类制造的航天器能抵达那里。

即使是前文提到的，飞行速度最快、离我们最遥远的"旅行者1号"，也要300年后才能抵达奥尔特云。而要穿越整个奥尔特云，至少还需要3万年。

回到现实，到2025年时，"旅行者1号"上的核电池提供的电量已经不足以让全部科学仪器开机工作了。因此，我们还是不能指望它对奥尔特云进行探索。

目前，太阳系的边界仍存在很多未知。相信随着探测技术的不断进步，未来终有一天我们会揭晓太阳系边界的答案。

一个很酷的长度单位

离开太阳系，"无穷大游戏"也一举踏入了"10 万亿千米"这一站。

这个尺度实在是太大了，为此，我们不得不引入一个大名鼎鼎的长度单位，它就是光年。

光年的定义

说起来也巧，1 光年正好跟 10 万亿千米的长度有点儿接近，因为：

1 光年 =9460730472580.8 千米 ≈ 9.46 万亿千米

显然，1 光年已经是很大的尺度，所以在天文学上，天体与我们的距离是多 1 亿千米，还是少 1 亿千米，其实差距已经不算大了。

"无穷大游戏"已经进入了 1 光年尺度的

空间，无论是天文学家还是普通人，在形容极大尺度的空间时，他们都更喜欢用光年。

那么，我们该怎么认识光年呢？

不难，前面已经提到，光在真空中1秒大约能跑30万千米。那么，光在真空中一年内行进的距离就是1光年了。

如果我们乘坐飞行速度为885千米/时的客机跨越1光年，大概需要飞行122万年！

知名恒星与地球的距离

知道了光年这个很酷同时又很实用的长度单位后，我们就能将一些知名恒星与地球的距离表示出来。

离地球10光年以内的恒星如下。

比邻星：约4.22光年。

南门二A：约4.37光年。

南门二B：约4.37光年。

天狼星：约 8.6 光年。

离地球 10~100 光年的恒星如下。

牛郎星：约 16.7 光年。

织女星：约 25 光年。

大角星：约 36.7 光年。

离地球 100~1000 光年的恒星如下。

摇光（北斗七星之一）：约 103.1 光年。

天枢（北斗七星之首）：约 123 光年。

老人星：约 310 光年。

北极星：约 431 光年。

离地球 1000~10000 光年的恒星如下。

天津四：约 1410 光年。

天津一：约 1800 光年。

拓展阅读

比邻星属于南门二恒星系统。这个恒星系统包含 3

颗恒星，它们分别是南门二 A、南门二 B 以及比邻星。

比邻星属于红矮星—— 一种体积不算大的矮恒星。通常，矮恒星的质量不会超过太阳的一半，且表面温度也比太阳低。所以，即便比邻星是除太阳外距离地球最近的一颗恒星，但在夜晚我们靠肉眼也看不见它。

比邻星的视星等是 11.05，其绝对星等更小，只有15.5。

什么是视星等和绝对星等呢？接下来，我们来好好了解一下。

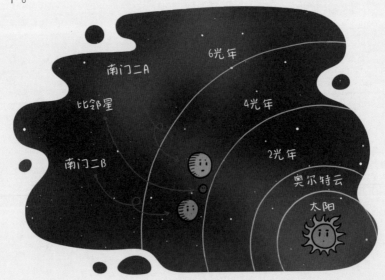

星星的亮度

据观测，整个夜空中肉眼可见的星星大约为 6000 颗。

夜空中的星星杂乱无章，我们应该给它们分类。可是，怎么分类呢？按大小吗？行不通，因为我们肉眼观测到的星星的大小差别比较细微，这使分类变得很困难。

最好的方法是根据星星的亮度，对它们进行分类。这种方法在 2000 多年前就有人采用了。

他就是古希腊天文学家依巴谷，他把肉眼看上去最亮的 20 颗星星，归为 1 等星，而把稍微比 1 等星暗一些的星星归为 2 等星，以此类推。对于肉眼勉强能看见的那些暗星，依巴谷把它们归为 6 等星。

这种根据观测者用肉眼看到的星星的亮度，就是星星的视星等。显然，视星等越小，星星就越亮。

如今，视星等已经能精确到小数点后几位。因为在 1850 年左右，科学家发明了光度计，用来测量星星的亮度。

另外，英国天文学家普森发现，1 等星比 6 等星恰好亮 100 倍左右。所以平均下来，1 等星比 2 等星亮 2.512 倍，2 等星又比 3 等星亮 2.512 倍，依此类推。

还有一个问题，一些肉眼看不见的星星，用望远镜却看得很清楚，这些星星

我是光度计，可以测量星星的亮度！

又该怎么分类呢?

很简单,从 6 等星继续往后数——比 6 等星稍暗的是 7 等星,比 7 等星稍暗的是 8 等星……

等等!你有没有发现,这种分类方法也不严谨。如果某个天体(比如太阳)比 1 等星还要亮,又该怎么办呢?

别急,天文学家针对这个问题的解决方案是:如果是比 1 等星更亮的星星,就用比 1 还小的数字来表示其视星等。比如,从地球上看到的太阳,其视星等约为 −26.74。

就像 0 摄氏度并不是最低温度,如果比 0 摄氏度还低 20 摄氏度,那就用零下 20 摄氏度来表示。只不过,在表示视星等时,不用"零下"这个词,而是用"−"。比如,一颗星星的视星等是 −20,就是指这颗星星比 0 等星还要亮 20 个视星等。

对满天繁星来说,采用视星等进行分类其实并不公平。因为它忽略了距离这个非常重要的因素,只能描述我们从地球上看到的星星亮度,并不能真实反映星星的发光程度。因为星星离我们越近,看上去就越亮。

为了描述星星的真正亮度,天文学家又引入了一个概念——绝对星等。

采用绝对星等需要先把星星放在"同一条起跑线"上，再来观察它们的亮度。

这条"起跑线"距离我们有多远呢?

答案是约 32.6 光年!

以后，我们看到视星等时，就能明白，它是指在地球上看到的星星的亮度。而绝对星等，是星星的真实亮度。

从地球到银河系中心

"无穷大游戏"一路飞跃了太阳系，我们也知道了那些知名恒星与我们的距离。那么下一步，我们将去往哪里呢？

银河系。

诗云"不识庐山真面目，只缘身在此山中"，我们就在银河系里，但它又是那么大，所以要想准确描述银河系的形状，可真是难倒了一代又一代的天文学家。

之前，人们一直猜测银河系是一个旋涡星系。

但在 20 世纪 80 年代

之后，随着技术的进步和科学的发展，天文学家逐渐认为，银河系是棒旋星系的可能性更大一些。2005 年，天文学家通过更先进的太空望远镜观测并得出结论——银河系就是棒旋星系。

旋涡星系　　　　　　　棒旋星系

那么，银河系到底长什么样？天文学家如今已大概描绘出了它的形状。

银河系呈椭圆盘形，中心厚，边缘薄。银河系中心约有 1.2 万光年那么厚，边缘的厚度从 3000 光年到 4000 光年不等。

太阳系内唯一的恒星就是太阳，而在银河系内，恒星占多数，它们的数量少则 1000 亿颗，多则 4000 亿颗。也就是说，天上的恒星跟地上的沙粒一样多，而多数沙粒的周围，还围

绕着一圈行星。现在，你能体会到银河系有多大了吗？

你看，仅仅是太阳，它的"势力范围"就如此之大，那么拥有几千亿颗恒星的银河系，它的"势力范围"就更大了。

如果从侧面看，银河系大概就是下图中的样子——似乎静静地躺在宇宙中，一动不动。

其实，银河系正以600千米／秒的速度高速运动。也就是说，在无边无际的宇宙中，银河系带着太阳，太阳带着地球，地球带着月球和我们，每天都要飞奔5184万千米。

最关键的问题来了——地球处在银河系中的哪个位置？

它在这里。

　　瞧，地球并非在银河系的中心，而是在距银河系中心约2.7万光年的角落——猎户座旋臂中。

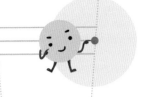

卫星星系

我们知道，地球只有一颗卫星——月球。木星和土星的卫星很多。那么，银河系有没有自己的卫星星系呢？

答案是肯定的。

银河系的卫星星系

银河系拥有十几个卫星星系，包括大麦哲伦星系、小麦哲伦星系、人马座矮星系、小熊座矮星系等。其中，大麦哲伦星系、小麦哲伦星系是两个比较大的星系。

据说，公元前1世纪的人类就已经用肉眼看见了大麦哲伦星系和小麦哲伦星系。

大麦哲伦星系，有时也叫大麦哲伦云，它

是银河系的一个卫星星系，距离银河系中心大约 16 万光年。大麦哲伦星系的直径很小，大约只有银河系的 1/20，恒星数量也只有银河系的 1/10 左右。

小麦哲伦星系，有时也叫小麦哲伦云，离我们大约 20 万光年，拥有数亿颗恒星，总质量大约是太阳的 70 亿倍。

银河系的这两个卫星星系，都属于不规则的矮星系。这很好理解，比如地球、木星、土星等是行星，但冥王星的个头儿实在是太小了，所以人类就把冥王星归类为矮行星。

在过去，由于天文观测技术落后，人们经常把大麦哲伦星系、小麦哲伦星系当成离银河系中心最近的星系。但是，随着天文观测技术的进步，天文学家通过望远镜又看到了其他更暗、更小的卫星星系，它们中有的比这两个卫星星系离银河系中心还要近。

人类用肉眼能看到多远的星星？

在开启"无穷大游戏"之前，我们问过一个问题：人类用肉眼能看到的星星都在银河系内吗？

答案可以是：任何人在任何地方用肉眼看到的所有星星，都在银河系内。

但是，以上答案在一些条件下才会成立，比如，这里的星星应该是像太阳这样正常的恒星。

什么是不正常的恒星呢？在天文学上，人们把演化到末期时发生剧烈爆炸的恒星叫作超新星，它们可以被称为不正常的恒星。

超新星爆发时，产生的能量非常大，场面极其壮观，其亮度会突然增加 1 亿倍以上，以至于它能照亮自己所在的整个星系。

正因为这样，超新星爆发时，即使它不在银河系内，人类也有可能用肉眼看到它。

所以，更严谨的答案是：除爆发期的超新星，人类用肉眼能看到的星星全都在银河系内。

另外一个问题是，人类用肉眼能看到多远的星星？这个问题其实很难有标准答案。

原因是，星星距离的测定是一个随着观测技术进步而不断进步的过程。比如，某颗肉眼可见的星星，目前距离我们 9000 光年；几年后，随着人们观测能力的提升，这个距离可能会被调整为 7000 光年。此时，它可能就不是肉眼能看到的最远的星星了。

另外，每个人的视力都不一样，其所处的观测环境也不一样。如果有人视力极好，就能看到一颗很暗的星星，但很有可能其他人都看不到这颗星星。

此外，银河系内至少有1000亿颗恒星，将它们一一进行比较是一件极其复杂的事。

所以，上述问题没有标准答案。各种科学文献也并没有明确指出，某颗恒星是肉眼所能看到的最远的恒星。

总之，我们只需要记住这个事实：我们看向地平线以上的夜空时，能看到3000多颗星星，如果观察包围地球的整片夜空，我们能看到大约6000颗星星；这些星星都在银河系内，绝大多数离我们几百光年，只有少数离我们几千光年。

肉眼能看到的最远星系

前面我们讨论了一个没有标准答案的问题，即肉眼能看到多远的星星。

现在，我们再来讨论一个已经有确定答案的问题：肉眼能看到的最远星系是哪一个星系？

显然，这个问题的答案不能从矮星系里面找，因为它们与银河系相比实在是太小了，我们得从地位跟银河系一样的星系里面找，比如仙女星系。

仙女星系

在地球上，即使用小型望远镜也只能看到仙女星系雾蒙蒙的样子，完全无法分辨出里面的单一恒星。

晴朗的夜晚，在几乎没有光污染的环境中，视力好的人可以根据万亿颗恒星发出的一片微光，看到仙女星系的方位。

仙女星系距离我们约 250 万光年。换句话说，我们现在看到的它的微光，大约是 250 万年前从仙女星系发射出来的。

仙女星系比银河系还要大，拥有的恒星数量也比银河系多。据估算，仙女星系大约包含 1 万亿颗恒星。而银河系内的恒星数量不到它的一半，只有 1000 亿～4000 亿颗。

跟银河系同级别的星系中，仙女星系是距离银河系最近的星系。

那么，它是肉眼能看到的最远星系吗？不是，因为还有一个星系也是肉眼能看到的，它就是三角座星系。

三角座星系

三角座星系的直径约为 6 万光年，它拥有大约 400 亿颗恒星，大小相当于银河系的 40%，离我们 300 万光年左右。

在没有光污染、夜空很黑时，肉眼是可以看见三角座星系的。因此可以这么说，它是目前肉眼能看见的最远的星系。比三角座星系更远的星系，就再也无法用肉眼看到了。

这意味着，我们在夜空中看到的一切光线都来自离我们约 300 万光年以内的宇宙。三角座星系之外的宇宙，对我们来说是一片漆黑。

14

大到无穷大

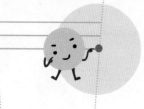

观测到的最远星系

前文说到，人类肉眼能看到的最远星系是距离我们大约 300 万光年的三角座星系。那么，如果利用先进的天文望远镜，人类目前能看到多远的地方呢？

仔细想想，这种问法是有问题的，因为"空间"也是"地方"的一种。假设你能看到 10 亿光年外的宇宙空间，但那里一片漆黑，什么也看不到，那么你又如何证明，最远能看到 10 亿光年外的地方呢？

所以，我们要换一种问法，应该这样问：通过天文望远镜，人类目前能看到的最远天体是什么？

答案是：HD1 星系。

这是人类迄今发现的最古老也是最遥远的

星系。它有多古老呢？

据测算，HD1 星系已经存在 135 亿多年了，这意味着宇宙大爆炸约 3 亿年后，HD1 星系就诞生了。

天文学家经过推算提出了两个可能：HD1 星系可能正在以惊人的速度形成恒星；HD1 星系可能包含一个超大质量的黑洞，这个黑洞的质量约为太阳质量的 1 亿倍。

从 2022 年被发现后，HD1 星系一直是人类目前发现的最古老且最遥远的星系。不过等你长大后，随着观测技术的进步，这项纪录还会被刷新，但目前，该项纪录的保持者就是 HD1 星系。

它距离我们有多远？

答案是惊人的 337 亿光年！

注意，"无穷大游戏"已经来到 337 亿光年那么远的地方了。这个距离意味着，假设你从地球发射出一束激光，并用莫尔斯电码携带信息向外星人问好，那么 337 亿年之后，外星人才能收到这条信息。

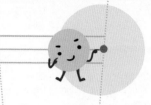

抵达边界

"无穷大游戏"进行到这里，我们遇到了一个大问题，那就是：

我们再也没有别的地方可去了！

如果你想去一个比337亿光年更远的地方，你首先得能看到这个地方，知道那里有什么星系，对不对？

但以上信息，人类目前并没有能力获得。

如果一个人跟你绘声绘色地讨论离地球500亿光年的地方，但他根本就看不到那个地方，更不知道那里到底有什么，显然，这没有任何意义。

"无穷大游戏"再也不能前往下一站，因为已经没有下一站了。

其实，这一路上，"无穷大游戏"跨过了多个边界，我们不妨一起回顾一下。

第一个边界：太阳系的边界

如果以太阳的引力范围为太阳系的边界，那这个边界人类至今未能突破，无论是有人驾驶的飞船，还是无人驾驶的深空探测器，它们都没有飞出太阳系，在可预见的未来，人类也不太可能飞出太阳系。

当然，这么说有点儿扫兴。不过，正在阅读本书的你如果长大后成了科学家，发明出飞行速度更快的航天器，人类或者人造物体也许就能飞出太阳系了。

第二个边界：人类肉眼可见的范围的边界

人造物体由于飞行速度有限，没能飞出太阳系，这没有关系，相比于人造物体的飞行速度，人类肉眼能看到的天体所发出的光，可是以光速飞奔而来的。

人类肉眼既能看到离我们约 16.7 光年的牛郎星，也能看到离我们约 25 光年的织女星，还能看到离我们约 431 光年的北极星，并用北极星辨别方向。

人类肉眼也能看到直径为 10 万光年以上的璀璨银河，比如大诗人李白因此写出了"飞流直下三千尺，疑是银河落九天"的千古名句。

············

人类肉眼能看到的最远天体，是距离我们大约 300 万光年的三角座星系。

300 万光年之外，必然还有几百亿，甚至几千亿个星系，但是很遗憾，人类肉眼已经看不到了。

这就是人类肉眼可见的范围的边界，它就是 300 万光年远的地方。

第三个边界：天文望远镜可观测范围的边界

借助天文望远镜，人类能看到数千万光年外的恒星，也能看到百亿光年外的星系。

然而，天文望远镜技术再先进，总归有一个观测极限，这个观测极限目前是多少呢？

距离我们 337 亿光年的 HD1 星系，它代表着目前天文望远镜可观测范围的边界。

但是，这个边界不是固定不变的，它会随着观测技术的进步而变得更远。

说到这里，聪明的你可能会问，除了以上 3 个边界，是不是还有一个重要的边界忘记说了？

没错，它就是宇宙的边界。

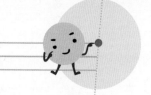

宇宙的边界

宇宙的边界或者说宇宙的大小，是一个极为深奥、极为宏大的话题。它并不是一个纯粹的科学问题，有时候，它还是一个哲学问题。

科学家目前仍然难以界定宇宙的大小。根据宇宙大爆炸理论，现在的宇宙可能起源于138亿年前的一次大爆炸，爆炸之后一直在向外膨胀，一直膨胀到了现在。在可预见的未来，它还会继续膨胀下去……

天文学家经过大量观测后发现，离我们越远的星系，它们远离我们的速度就越快。

例如，离我们326万光年的一个星系，远离我们的速度为70千米／秒。

而离我们400万光年的另一个星系，远离我们的速度就已经超过了70千米／秒。

假设宇宙有一个固定的边界，那么，从地球上向该边界发射一束强大的激光，很多年之后，这束激光一定能抵达宇宙的边界。

然而现实是，宇宙还在不断地膨胀，且宇宙边界远离我们的速度超过了光速。因此，即使宇宙永久存在，从地球发射出的这束激光无论如何也抵达不了宇宙边界——无论多少亿年也抵达不了。

综上所述，我们似乎可以这样说，如果仅仅从"光能否抵达宇宙的边界"这个角度来思考的话，宇宙是无边无际的，这也正应了本书的名字——《大到无穷大：给孩子讲浩瀚宇宙》。

当然，上面只是对一种想法的探讨。现实中，为了便于研究和准确起见，天文学家使用了可观测宇宙的概念，让宇宙有了一个边界。

可观测宇宙是我们通过电磁波和引力波等方式能探测到的宇宙范围，是一个以探测者为中心的球形区域内的宇宙。

可观测宇宙是天文学家根据宇宙大爆炸理论和宇宙的年龄推算出来的，并不是宇宙真实的边界。

那么，可观测宇宙的边界，距离我们到底有多远呢？答案是约 465 亿光年！这意味着人类能观测到的宇宙范围最大半径约为 465 亿光年，并不意味着宇宙就是一个半径 465 亿光年的球。

那宇宙实际有多大呢？宇宙有边界吗？宇宙到底是有限的还是无限的呢？答案就留给未来的天文学家吧。

到此，"无穷大游戏"也快要结束了。

阅读这本书的你长大后，有可能会成为航天员、医生、科学家、工程师……也许你的同学中，还会有人离开地球，代表中国前往月球和火星。

然而，我们中的绝大多数人，这一生都将待在地球上。这听起来似乎有些遗憾，其实大可不必因此感伤。

因为天文学的重大意义之一就是：即使你足不出户，它也能让你的思绪抵达几百万光年之外。

它能让你知晓木星遭受的巨大撞击，身临其境般地见识美丽的土星环……

它还能让你知道，250 万光年外的仙女星系比银河系还要大，那里大约有 1 万亿颗恒星，其中一些恒星的周围可能拥有像地球这样能孕育高级生命的宜居行星。

在《小到无穷小：给孩子讲微观世界》那本书里，你知道了每个人的身体上至少有 10 万亿个细菌。

想象一下，如果你身体里的一个细菌通过"某些方法"，知道你身体外面的世界里有参天大树，有飞奔的牛羊，有畅游的鱼，有飘浮在天空中的白云……这些事实对你身体上的细菌来说，将是多么不可思议！

显然，细菌并非智慧生命，它没有望远镜，看不到更大的世界，唯有人类才能。

在无边无际的宇宙面前，我们就像细菌一样微不足道，但我们却能认识比我们大得多、古老得多的各种事物，并且仍在为认识更多的事物而努力！

这就是智慧的生命和生命的智慧！